仰望星空

365天静心慧语

宋昱·编著

中国华侨出版社

图书在版编目(CIP)数据

仰望星空:365天静心慧语 / 宋昱编著.—北京:中国华侨出版社,
2014.12

　　ISBN 978-7-5113-5078-7

　　Ⅰ.①仰…　Ⅱ.①宋…　Ⅲ.①人生哲学–通俗读物
Ⅳ.①B821-49

　　中国版本图书馆CIP数据核字(2014)第299758号

仰望星空:365天静心慧语

编　　著 / 宋　昱
责任编辑 / 文　蕾
责任校对 / 王　萍
经　　销 / 新华书店
开　　本 / 787毫米×1092毫米　1/16　印张/20　字数/260千字
印　　刷 / 北京军迪印刷有限责任公司
版　　次 / 2015年3月第1版　2020年5月第2次印刷
书　　号 / ISBN 978-7-5113-5078-7
定　　价 / 48.00元

中国华侨出版社　北京市朝阳区静安里26号通成达大厦3层　邮编:100028
法律顾问:陈鹰律师事务所
编辑部:(010)64443056　　64443979
发行部:(010)64443051　　传真:(010)64439708
网址:www.oveaschin.com
E-mail:oveaschin@sina.com

前言

　　人世间的智慧是无穷无尽的，当我们仰望星空，静下来思考时，就会有所收获。

　　一年之中有四季，四季的景色和主体不同，我们的心境也会随之变化。但有一点是不会变的，那就是对世间万事万物的思考。春天来了，面对生机勃勃的景象，你在想些什么呢？炎热的夏季，当你坐在阴凉处的时候，你又在思考什么呢？面对秋天的落叶，你心中是否有种失落感呢？冬天的白雪皑皑，你有没有一种生命被洗净的感觉？试想，当你安静地坐着时，或者匆忙赶路时，你的脑子会是一片空白的，什么都没有去想吗？很显然，这是不可能的。

　　每个人都在经历着属于自己的生活，这种生活是自己独有的。即使你与别人分享了自己的生活，但每个人的思考却是不一样的。比如，当你和另外一个人共同坐在餐厅吃饭的时候，面对着食物，你们的想法必然不同。有人可以走进你的生活，但没有人能通晓你的想法。这就好像说"世界上没有两片相同的树叶"，自然也不会有两个相同的人，同样地，也不会有两种一模一样的思维。

生活在这个世界上，每个人都不可避免地陷入纷扰之中。这时，你会怎么办呢？或者说，你该怎么挣脱纷扰，看清真相呢？对于有着不同经历的人来说，眼中的世界，胸中的乾坤，手中的做法自然也不会相同。但不管怎样，在我们面对各种琐事时，智慧是不可或缺的。若没有了智慧，人类和动物又有什么两样呢？而智慧的获得，往往需要我们静下心来思考。

本书集中一个人在一年的不同季节里的思考，是每日每夜、一点一滴记录下来的，也是对生活，对世界每日每夜的思考与反省。全书分为春、夏、秋、冬四个章节，每个章节慧语的侧重点会有不同，但其实落实到智慧上来说时，这些点又是相通的。因为人世间的智慧本来就是一个不可分割的整体，是蕴藏在宇宙之中的，是属于全人类的共同财产。书中的思考虽然并不一定是真理，但均是思想的碰撞，认识的重现。本书的智慧思考旨在抛砖引玉，启迪人们从自己的生活中发觉智慧的存在，从而加深对世间万物的认识。

宇宙的存在不是莫名其妙的，也不是苍白无力的。当你仰望星空，看着点点繁星和皎洁的月亮时，如果你的内心有了触动，那说明你在思考了，智慧必然不期而遇。当你静心仰望星空时，你的思绪却突然跑到了九霄云外，甚至一下子无法收回，那么请相信，你定是在那遥远的天际搜罗着与众不同的智慧。

翻开此书，一起开始智慧的旅程吧！

目录 CONTENTS

春 / 静下心来生长

夏／放下心来生存

秋／净下心来生活

冬 / 安下心来生灭

春

静下心来生长

春天是万物复苏的季节，
当我们静下心来的时候，就能听到植物生长的声音。
春风的到来，吹醒了那些沉睡了一冬的生命。
它们闻到了春的气息，奋力地伸直了自己的胳臂，
舒展自己的筋骨，挣脱束缚它们的一切禁锢，
勇敢地生长着，向上着。
听——

二月

当你一个人的时候，试着把自己置于一个空灵的境界：不去思考任何的问题，让灵魂自由地游荡。就像这样，什么都不去想，坐在那里，一动不动。这时，你再试着去用心，就会听到遥远的地方传来的喧闹声和耳边空气流动的声音。当洞察了这一切，便意味着世间所有存在的声音都已被你尽收耳底，而这时，你的心就会豁然开朗。若是经常以这种轻松自在的倾听方式来修炼内心，就会在不经意间发现内心惊人的转变。

辑一 聆听

二月一日 聆听心灵的枝叶

在我的内心深处，有一片茂密的树林，正在生根、发芽、吐叶。它们枝繁叶茂，绿树成荫，郁郁葱葱，久久不败，绿意长存。

树木努力地伸向天空，日复一日不停地生长。它们积极向上，寻求阳光的滋润。借助阳光，它们用自己充满激情的烈烈火焰，把正在萌发的生命之源尽情点燃。它们来自哪里？来自逝去的花香鸟语，来自爱人之间温柔的抚摸和耳边的轻轻细语，来自临别前不忍看到的不舍的泪水……这所有一切的叠加，恰如挥之不去的温暖覆盖着我，无微不至，完美无瑕。而那些叶痕，难以消逝，和我的血液融为一体，奔流不止。行走在时光里的那些魅力无限的影像，在这一刻，存留在脑海中，被永久铭记。

心灵深处的枝叶，经历了情感的悲喜交加，忍耐了生命中的种种负重，从而变得宠辱不惊、去留无意。虽然有时会起波澜，焦急困窘，坐立不安，但波动的心情会很快平复。平复之后，亦有难得的欢快和意想不到的安宁。世间的是是非非，总是那么短暂，那么喧闹无常。微风拂过心灵的树叶，激起的都是美好、真诚、奉献的情愫，因为这些才是它们所真正追求的。

我心灵的绿叶存在已有千百来年，我却与它们从未谋面。但能感受到它们摇曳的身姿，多情的话语。它们时时在我耳边轻轻呼喊，惊醒我的幻梦；它们又常常游走天涯，看雄鹰在苍穹翱翔；在午后的休憩时光，它们悄无声息地静静聆听蜜蜂和蝴蝶的低吟浅唱。

曾经，我贫贱无知，而心灵的枝叶，一直激励着我，督促着我，让我怀着对真谛孜孜不倦的追求，变得富有和满足。敏锐的它们不断地感知着世间万物，追忆过去，把握现在。当我觉得枯燥乏味时，心灵那些不易听到的音符，就会化作动听的弦乐，余音绕梁，不绝于心底。

心灵的绿叶懂得女人内心深处隐秘、敏感的悸动，懂得男人身上激情奋进的英雄气概，更懂得一对对新人心中的欢愉和幸福……

世间的万物终会凋败，心灵的绿叶也是如此。

直视自己的内心，对着高高在上的苍天，我曾无数次追问："造物主，请你告诉我，人间有没有永恒的欢乐园？我心灵的绿叶，它不停地生长，可本来的面目是什么样的？为何它总能这样抚慰我的不安，给心灵及时补充所需的养分？"

二月二日　听见纷争

人活一世，纷争不断。有些是为了争夺财富，有些是为了传播教义，有些是为了获取功名。凡此种种，要么是利益之争，要么是观念之争。对身陷争夺之中的人来说，常常身不由己，想要摆脱纷争，实属不易。但是，还记得《鲁滨孙漂流记》中的鲁滨孙吗？当分不清利害之时，学着用他的眼光来看看诸多困惑，就会顿悟，原来，我们每个人真正需要的东西并不多。不管是从物质层面，还是精神层面，都是非常有限的，很少的。由此看来，人生的真谛存在于简单的生活之中，太过复杂的人生往往会让人迷失。

回头再看，人们之间的各种争夺，往往表现在对物质财富的极大的贪恋和盲目追求上。其实，很多人不懂，他们不懈追求的物质，多一点与少一点并没有对一个人的生存造成什么大的后果，即使没有那一点点，我们仍然能够继续过着基本的生活。而精神财富则非如此。在精神财富的追求上，人们并不存在冲突。因为一个人精神上的富有不会直接导致另一个人精神上的贫困。所以，精神上，不必争。

由此，我们可以得出结论：在由物质财富和精神财富组成的人类社会中，一半不值得争，一半不需争。当明白了这些，那我们到底还在争什么？还有什么可争的？

在深层次上讲，世间看似对立的东西，如成功和失败，快乐和悲伤，平安和灾难，健康与疾病，只是表现形式不同，在本质上并无大的区别。如果一个人常常这么想，就能把各种遭遇与自己的身体拉开距离，使其不会干扰自己的内心。这时，你会发现，这样反而离我们的真实人生更近，贴得更紧了。什么是真实的人生？真实的人生就是基于身体本身，又超越本身的人生阅历和体验之和，是经历和即将经历的可知与不可知的种种。

主观思绪常常会欺骗我们。我们想要一个东西，就会把它对自己的作用夸大，从而投入自己的全部心思，把它当作全部。只要一个人把自己的心禁锢在一个物品，一件事情上，即会如此。我想要说的是，别把一切主观化、个人化，跳出思维的误区，才能看清某物、某事的真实作用。把经历的一切放入到无限时空之中，你会发现，它是多么渺小，多么的微不足道。

当你有所了悟，就能在生活中不悲不喜，淡定自若。

二月三日　春天迈过的声音

冬去春来，在今天这个寒冷即将逝去的午后，漫步在田间，我闻到了早春的气息。莫名地，这气息竟使我有一种莫名的感伤：我似乎不属于这个千变万化的世界。季节虽然在悄无声息地交接，但我的内心却还停留在寒冷的冬日。隐隐约约，内心有一股说不出的力量，牵制着我，让我不去分辨四季轮回，不去想春暖花开。面对变化，不知所措，最终选择无动于衷。我尽力思考：人的内心会受约束吗？哪些事情它不会去做？为何有时它会忽略春风无数次的邀请，偏偏选择在喧嚣中游离？它为什么这样做？它必须这样做吗？春风是被它拒之门外还是被关进牢笼？春天迈过，到底谁才是真正的伤害者和被伤害者呢？

二月四日　成长的讯息

季节始终在更替着，转眼已是二三月。春风像清晨打鸣的大公鸡，像冲锋的号角，叫醒熟睡的人们，抖擞精神。望去，又有新叶从树枝上抽出。人世间的我们，终究是世俗之人，能力有限。当春天用它的力量改变周围一切之时，我们只有艳羡的份儿。这倒也罢，当温暖的南风吹过，枝叶换上绿装，我们的生活却始终停留在过去。就像年事已高的老黄牛，驮着沉重的货物，在泥泞的道路上孤零零地挪动。而岁月呢，它比我们走得快，早已是另一番天地。要是不刻意去查，我们常常会忘记今天是什么日子：到底是十五还是十六呢？春天不管这些，她像十五六岁的小姑娘，花枝招展着。新的一周的报纸上又有新的消息：领导出访、政府简政、会议召开。我们以为很重要的事情，在大自然中，甚至一文不值。而与之对应的是，春风不顾人们的繁忙，用它自己强大的力量，送来春的气息，播下象征希望的种子，而这么重要的一切，对我们人类来说，却享受不到，这是多么遗憾的事情啊。

二月五日　万籁无声

喜欢一个人看着夕阳在不经意间滑落到天边的地平线，那么近，又那么远。一时间，在那遥远的天尽头，霞光普照，明亮耀眼。这时，伴着徐徐春风吹来的和煦的、一片难得的安宁忽然飘落心头。一刹那，一种静穆而伟大的美占据我的内心。我无法控制，更无法挣脱，只得坠入无边无尽的沉沦之中，不能自拔。黄昏即使短暂，但它却不停地绵延着，循环着，汇入永恒中的某一时刻。翻阅印度的历史，能在其中找到有关隐士在修道院修炼的相关史料。据说，每天早晨，当太阳快要升起的时候，净修林的鸟就会开始鸣叫不止，而那些隐士此时也伴着鸟鸣吟诵。时间继续飞逝，白昼渐行渐远，彩霞铺满天际，人们各自回家，牛群、羊群，也从草地、河畔、山峦走向牛棚、羊圈。那淳厚简单的生活，静谧安然的时光，曾在印度那里出现过。而今，傍晚又这般万籁无声，将这种闲散再一次清晰地展现。我沉醉了。

二月六日　无助的哭泣

常常会看到这样一幕：一个孩子正在熟睡，一脸慈爱的母亲用自己的双臂温柔地怀抱着孩子双脚不停地在赶路回家。看到这种情景，不禁发问：是什么把世间的母子结合在一起？又是什么让母亲主动敞开怀抱，创造这温馨的一幕幕？只有一个字：爱!爱给了母亲勇气，让她去拥抱。即使累，即使难，她都义无反顾!可是，很多很多的母亲常常把自己的孩子当作她的终结。这又是为什么呢？路的一侧，有一群孩子在嬉闹玩耍。他们牵着母亲温暖的手，进入乐园，争抢玩具，甚至天上的月亮，欢声笑语荡漾四处，久久不散。但是请你用心倾听，在路的另一侧，传来了无助的哭泣声，也有一群孩子在流着泪。他们稚嫩的肌肤抵抗不了病毒，细小的喉咙甚至无力呐喊。看，那些成年人是多么的野蛮，他们正在用各种暴力虐待着孩子。救救他们。

二月七日　听见自然

苍茫的夜空下，暮色渐浓。我站在暮色之中，把手放在心的位置上，用心祈愿：我要用澄澈的目光欣赏这世间的大美形象，而不能用一颗浮华享乐的心让这一形象的光芒黯淡。我懂得，只有虔诚的心，才能看到世间之大美。换一种说法就是，不能用私心占有美，但可以做好献身的准备。我一直认为，想要明白真实是美，崇高是美，确实是一件难事。对于不喜欢的东西和生活中的矛盾，我们常常选择弃绝或回避，即使发现了美，也不过把其当作一种消费品而随意滥用。不能让艺术沦为我们的奴婢，我们更不能去羞辱她。我们的不尊重，最后只有一种结果：失去她和她给我们带来的福祉。要发现、窥视这个世界的神圣之美，就应该不加个人色彩，不分善恶好坏地去审视世界。在审视的过程中，在发现美的同时，你会理解：世界的本性原来这般简单。想要发现世界的和谐之美，就应该把世界的局部融入整个世界之中，抛开相关的矛盾和问题。这样，和谐之美就会诞生。然而，我们一直在犯错，常常把对待人的那套法则运用到自然身上。对待身边的人，我们特别挑剔，容不下任何毛病。结果，他身上的瑕疵就会被无限地放大。那些在别人来看细小的缺点，在我们这里就成了一个严重的过错。当然，我们也会因自己的性格特征和主观情绪，如骨子里的贪婪、愤怒的情绪等，始终不肯原谅别人身上微不足道的缺点，从而对他人产生片面的认识，不能得到全面的结论。因此，在寂寥广阔的夜空中，我们用真心发现了自然之美，而纷繁的尘世，却用一块不透明的抹布，把我们的双眼死死地蒙蔽着。

二月八日　明灭转换之声

西沉的红日送走了地平线上的最后一抹余晖，躲到了黑幔之后。于是，暗夜霎那间来临。日复一日，白昼和夜晚分别用它们独特的方式转换着我们的生活，或光明，或黑暗。犹如琴键上的黑白键，弹奏着美妙的乐曲，无名却悦耳动听。自然创造了昼夜，昼夜的交替，又为我们创造出奇妙的韵律。这些旋律诞生于某一个瞬间，成长于世间，就像跳动的脉搏，那么有规律地若隐若现。

自然界有如此神奇的变化，我们的生活也是如此，寓意深刻，生生不息。一年之中，有雨季和秋季，它们有规律的往返，把历史偷偷地在写在了沙滩上。雨季，滩地被洪水淹没；秋季，洪水退去，滩地再现，充足的养料，为播种打下了基础，为丰收埋下伏笔。

昼升夜退，昼尽夜升，这难道不是世间一种美妙的奇迹吗？可惜的是，我们的生活习惯束缚了自我，哪有心思去管什么奇迹？自然总会创造无数经典给我们，傍晚的天光合一，飘然而去就是一例。静夜散去，斗转星移，新的一页，新的生活又开始了。我们懒得去探究这其中的奥秘，但这却是影响深远。时光内的变幻，是这么奇谲，这么深远，这么意想不到!眨眼之间，前者和后者在没有对抗，没有打击，于温雅宁静之中，就把境界转换。这是何等的神奇!

二月九日　聆听完美

我们在黄昏时分亲眼见证了这大千世界完美的景象。完美得就像是造物主不加修饰，直接把这景象摆在我们面前，让我们兴奋，供我们欣赏。当我们用心观察的时候，就会在其中发现无数的奇迹，惊叹不已。抬头仰望，夜空繁星点点，时而光影闪过，让人久久不能忘怀。我们看到一棵大树，它身姿优美，躯干笔直，用它的眼睛斜望着星空。假使有一架显微镜，透过它，我们就能看清大树身躯的脉络，有条不紊。大树的树皮在年复一年的风吹日晒中已起层层褶皱，树枝已腐败枯干，蚁穴遍布。看来，尘世难免有不完美之处。但所有不和谐的事物，会被世界博大的胸襟所包容。伟大的造物主，在创造一切的时候，自然有其道理。什么是美？美即完整，美不是狭隘地存在着。自然之美那么伟大，伟大得惊心动魄，但它在星空照耀下，宁静祥和，不骄不躁。同理，那些伟大的人物，他们所经历的那些磨难，不是痛苦，而是欢乐，正因为如此，他们显得是那么的崇高与伟大。

二月十日　爱是欢声笑语

　　宇宙浩茫，默不作声，但并不死气沉沉。若看到旅行的顺利，也会引吭高歌，赞美不已。太阳会乘坐着七色彩车，光芒四射地驶过无边无际的晴空，与整个世界一道，共同欢呼，庆祝胜利的到来。东方露出鱼肚白，黎明把它的臂膀伸向苍茫的宇宙，指向无尽的未来。它礼赞到来的白昼，怀抱着世界的希冀，打开金碧辉煌的东方大门，携来福音，送来甘露，唤醒沉睡的人世。黎明是人生旅程的开始，是诚心诚意的祝福，引导着旅人上路。

　　在我的世界里，有世间各类旅人的身影。他们轻装上阵，什么都不带走。他们抛下重负，悲喜不惊。我把他们的欢声笑语、悲喜忧愁全都写进我的文稿，让它们萌芽。曾经被疯狂传唱的歌谣，被他们忘记。留下来的，只有爱情。对，没有错，除了爱，他们一无所有。他们的眼睛直视着脚下的路，希望踩下的每一脚，都深深浅浅地留下足迹。泥土变得滋润，因为里面有他们在别离时洒下的热泪。他们走过很多很多的路，甚至连他们都不记得。他们看到路的两旁，新奇的鲜花绽放着，盛开着。同路的陌生人，虽然第一次谋面，也把各自的热爱送给彼此。爱，不只是心心相惜，形影不离，更是旅人不断前进的动力。千里跋涉的疲劳，因为有爱，也会瞬间消除。人间的美景，也包含着爱，这种爱和母爱一样，伴旅人前行。若是旅人心境黯淡，美景就会召唤他们走向阳光。对旅人来说，爱情不允许被束缚。一旦束缚，旅程就会立即终止。爱情如果是葬人的坟墓，那么旅人就是那坟墓上的墓碑。爱情纽带有着强大的力量，这种力量不可估量，能把一切羁绊全都粉碎。而世界的运动也必须在崇高的爱情下进行，才不会把自己压垮，进而继续开展。

二月十一日　读书是一种追求

为何要读书？因为读书可以怡情、傅彩、长才。在独处幽居之时，可以怡情；在高谈阔论之中，可以傅彩；在为人处世之际，可以长才。此为读书之缘由。

处事果断之人既能处理细枝末节之事，又能把控全局，统筹策划。这样的人多为好学深思者。然，若读书太久则会懒惰，文采太华丽则显得娇气，全凭书上的条条框框处事则会故步自封。

读书与经验不可分割，二者相得益彰。一个人天生的才能如自然界的花花草草，想要修剪移接必须读书。书中的道理只有拿来实践，才能做到学以致用，有所进步。

有能力的人会对读书不屑一顾，无能力的人会羡慕读书之人，只有那些明智的人才能把书本中的知识落实到实践中。然而，书本并不会把它的用处告诉世人。书本的智慧，不在书中，而在书外，这全凭观察才能得知。

在读书的时候，不可故意诘难读者，不可全信书上的言论，更不可粗略一读，而应反复推敲，仔细琢磨。

书本上的东西，有的只需浅尝辄止，有的可以囫囵吞枣，只有很少的东西需要仔细品读，慢慢消化。换句话说，就是有的书只需读其中的一部分，有的书大致浏览阅读即可，只有很少的书需要全神贯注、孜孜不倦地用心读。若是忙碌，也可请人代为读书，看他所作的摘要。但这种方法，只限于价值不高或档次较低的书本。一定要切记！

读书、讨论、笔记要结合起来。这样才能变得充实、机智、准确。若记忆不好，则应做笔记；若天生愚笨，则应常讨论；若无知，则应多读书。

读史让人明辨是非，读诗让人聪慧灵秀，数学让人思维周密，科学让人思考深刻，逻辑修辞让人言辞善辩……你所学到的东西都能在你性格中体现出来。

当一个人感觉到自己的才智有滞碍，可通过读书使之变得顺畅。就像运动可以消除百病那样。数学可使人智力集中，哲学可使人能言善辩，律师案卷可使人学会阐证。只要头脑中有不足，都可以读书弥补。

二月十二日　精神的追求

即使不停地寻求会无果而终，灵魂仍不会安静下来。它要脱离自身肉体生活的局限，继续试图找到超脱的途径。在这个过程中，肉身生活和寻求本身产生了一定的距离。那么这个距离便是它的收获，它会因此获得自由。

一个人要想做自己的主人，有自己的世界观和人生观，必须要学会独立思考，自由追求，放飞自己的灵魂。

成功是每个人所渴望的，但是，我们有所不知，追求的道路和过程远比成功更为宝贵。就我个人而言，我宁愿做一个追求者，而不愿做一个停滞的成功者。有人说，青春会在一个人不再追求的那一刻死去。的确，追求让一个人青春常驻，证明我们曾经年轻过。

单论精神领域，没有所谓的成功，即便是精神追求本身也是如此。世俗的成功不是成功，社会和历史的认可也算不上成功。这时，成功成了一种目标，追求成了一种生存方式。我们越执着，成败越不值得一提。那些未在史上留名的贤人或许比我们熟知的更能称为贤人；和渺小的成功相比，那些伟大的失败者甚至远远胜于成功者。

一个人的追求若被失败轻易阻止，说明追求的力量是有限的。一个人的追求若被成功阻止，则说明追求的目标是有限的。追求不应因为失败或成功而停下来，而应勇往直前。

二月十三日 做自己命运的主宰

每个人在求知的时候，常常怀有这样的信念：因为无知，所以嫉妒；一心一意地模仿别人等于自杀；不管处境好坏，命运都要自己主宰。我们享用着宇宙赐予人类的一切，但我们只有辛勤地劳动，才能收获香甜的玉米、饱满的大豆。人类的力量受自然所赐，究竟有多大，谁也无从知晓。我们不会平白无故地对周围的事物留下深刻的印象。能留在我们记忆里的东西，早就有一种和谐之力事先预定。一道光线，只有把眼睛放到其照射到的地方，才能真正看清。我们羞于表达自己的想法和感受，对那些领悟到的哲理也只好埋于心田。而实际上，我们有所不知，这些思想和观念恰如其分。如果及时传达，能获得他人的赞同和认可。事实上，懦夫永远证明不了自己的功绩，因为那是上天公平的安排，想要获得最大的宽慰和欢乐，只有竭尽所能地去工作，去释放自我。如果你选择懒惰，终有一天，你身上的才华和灵感也都会弃你而去，你会一无所有。

二月十四日 朝圣之路

对个体而言，人类的精神追求是一种外在的漫长历史，是人类精神生活的体现。要想证明这种精神追求的存在，人类必须重新占有这段历史。无论我们处于哪个时代，时代本身对个体精神生活的影响并没有那么深刻。唯有靠自己，每个人才能独立地面对自己的上帝，从而获得自己的精神个性。而正是在这一过程中，个体才能体会到自我在人类精神历史领域中的占有感和参与感，才能感受到自我的存在。

地上本没有路，走的人多了也便成了路。朝圣者有多少个，朝圣路就有多少条。这些路是不同的，也根本不可能相同，需要每一个朝圣者自己走出来。路虽艰难，但不必担心，把坎坷和磨难当作鼓舞，当作前进的动力。这样，看似孤独的朝圣之旅，在上升到精神层面之后，在人类的精神传统之中，你会发现，你认为的孤独其实并不存在，你也并不会孤独。

世人都在黑暗中行走着，或并肩而行，或独立行走。每个人在朝圣的路上，都不能确定什么时候会到达同一个圣地。原因何在？因为其实连我们本身也无法说清圣地是什么样的，是否存在。然后，我们坚信圣地的存在，因为我们都怀揣着超生的热情，这种热情让我们义无反顾。

人类精神事业和传统的形成取决于人类不休止地对某种永恒价值的追求。当这一事业和传统融入每个人的追求之后，就会世代延续，生生不息。每个人的追求是人类事业和传统的基础，促成它们的形成。而追求本身是人世间唯一的可能和真实，是一种永恒的价值。

人类能达到什么高度？这种高度该怎样具象地体现出来呢？人类的高度由那个行走在世间，代表人类形象的攀得最高的人来代表。人类的伟大，得益于伟人的存在。

二月十五日　死亡是人生之敌

生活在现世的人们普遍都有一种看法，那就是生来就是为了与死亡斗争，这种斗争贯穿生命的全过程。在他们的观念里，死亡处处与我们的人生为敌，并且具有强大的进攻能力。他们原本以为人生如花，会经历吐芽、绽放、结果、凋落的周期变化，现在明白：人生并非如花要经历各个阶段，而是直接到达凋落，即死亡。当看透了这些，我们对青春才依依不舍，想尽办法去挽留。这无可厚非，因为是出于本能。试想，假如把你放到同样的时刻，你也肯定会本能地选择各种方式去纪念青春和岁月。在我们生活之中，那些生命之火快要熄灭的人，会试图复燃激情；那些感觉变得迟钝的人，会不断尝试新鲜事物；还有些人，在生命的最后一刻，还放不下手里的财富。现在的人，正越来越变得不够超脱。面对艰难世事，不能以豁然通达的心态来面对。而一旦沉溺于无止境的对欲望的渴求之后，人们就会戴上面具，变得麻木不仁。

二月十六日　自由的生命

果树上的果子在经历无数次酝酿之后，总有一天会成熟。但成熟之后，不久就会迎来衰败和凋落。不过，不必伤感，因为深埋在地下的种子正孕育着新的生命，坚硬而充实地迎接着新的季节的到来。对人类来说，内心世界也会结出果实，这果实便是意志。正是凭借着意志，在遇到困惑迷茫、痛苦挫折之时，生命之树才能安然地存在着，生长着，直立着。在自然界中，新旧交替是永恒的规律：旧的不去，新的不来。人的内心世界的变化也是如此。如一棵树，花谢之后，迎来成熟的果实，果实掉落之后，才会有新生命的诞生。每个人来到世上，只有从母亲的身体中挣脱出来，从她的怀抱中脱离，生命才能得到成长和发展。生命的发展过程，是灵魂与自我意志不断斗争的过程。自由的灵魂只有摆脱意志的束缚，经得起恶劣环境的不断磨砺，才能在风雨之中变得坚强。这样，当他回忆往事的时候，在临终前，就不会因碌碌无为而遗憾和懊悔，就能写下光荣，走向永恒。自由而热烈的灵魂，其发展过程是这样的：自我——社会——宇宙——无限之境。这样看来，人生的第一个阶段强调的是自我生活实践的重要意义，并不是告诫人类在书本之中获得知识。因此，理论与实践的结合对生命本身是极其重要的。何为生命？生命本身的意义在哪里？其实，从一出生，生命就是为了经历磨难，在磨难之中寻求解脱。我们就像一个个在路上的旅人，为了同样的灵魂目标而赶着路，前行着。我们的心灵常怀虔诚，但也有烟雾弥漫的时刻。当这一时刻来临，我们就会迷失自我追求极大的物质满足，欲望之火在这时就会有随时爆发燃烧的可能性。所以，在现实的世界中，心灵需要规诫才不至于盲目和迷失，只有如此，我们才能获得真正的自由。

二月十七日　追求未必总是进取的姿态

单就追求而言，每个人对其的理解不同。

有的人淡泊明志，沉默不语，把名利置身度外，心甘情愿地过着清贫的生活，不去理会喧嚣的世界。这不得不说是一种追求，甚至是一种境界相对高的追求。

追求一定是积极向上，锐意进取吗？那是未必的。

一个十分年轻的僧人披着袈裟站在船舷上，闭上眼睛，笔直地站着。他面朝滚滚江水，不言不语。看到这样的场景，我的思绪又回到了船舱。船舱里刚刚发生的那一幕又浮上心头。想到这，我立即对这位僧人充满敬意。

船舱里由于空间很小，在这个季节显得异常闷热。很多乘客忍受不了这股热气，争先恐后地来到自来水旁洗脸，这位僧人也不例外。只见他手里握着一条毛巾，静静地排着队。眼看按顺序下一位就是他了，这时，一名无理的乘客快步向前，把他挤到一边，贪婪地用自来水洗着脸。再看这位僧人的表情：面色不改。让人意想不到的是，他还对那位乘客十分客气，不停地说：请，请你先用，我不急！

僧人的做法，让我明白了一个道理：礼让也是一种追求。

真正伟大的精神都是简单的，并且是相通的。不管在认知的道路上经历多少曲折，最后都走向同一个目标。同一个光源，人们可能会给它起不同的名称。但是，这个光源照耀的只有一条路，人们也只有这一条路可走，别无选择。

二月十八日　成熟

成熟不是世故，不是实际，而是在经历世事坎坷，被无情的岁月打磨之后，依然能够坚守本真的自我，保持独立的个性，收获精神上的果实。因此，在日常生活中，多数人眼中的成熟，不过是个体精神和特性的消亡，是自我的不复存在。

你有什么，我对此并不关心。我所关心的是什么是你想要寻找的。因为从你寻找的东西便能看出你是怎样的一个人，追求有多高。

在寻找的道路上，有两类人：一类是不停地寻找，找到之后却又放弃；一类是从不寻找，找到一个就紧紧握在手中。

到底哪一种活法更好呢？谁知道呢。不介意的话，去问问上帝吧。

不过，好与坏还是有一定的标准的。精神寻求永无止境，在这个道路上，在找到的一切中，那些自然的、真实的，都可以认为是好的，值得追求的。

于深夜之中，翻阅、品读先哲们的作品，一方面，会觉得十分充实。因为在这些作品里，对精神价值的永恒有了更深刻的体会，对那些不断追求人类精神的人们表示崇敬。另一方面，又会对盲目的宇宙产生悲观的情绪：说不清哪一天，宇宙会用它强大的力量毁灭人类的精神。这的确是件可怕的事情，而我却对此无能为力。

二月十九日　精神的种子

在浩瀚无垠的宇宙中有一片土地，那就是人类的精神。在这片土地的上空，飘浮着参差不齐的种子。这些种子之中，有一些是好的。它们来自哪里呢？是谁把它们撒向大地？神，精灵，魂魄，还是那些伟大的天才和著作等身的哲人呢？都有可能。种子要想在土地上生根发芽，适宜的土壤不可缺少。但更重要的是，它还要与敌人作斗争。这些敌人有两类：一类是外界的敌人，如邪恶和苦难；一类是心中的敌人，如贪欲的杂念。要找到消灭这两类敌人的办法，必须依靠我们内心的悟性，用悟性战胜邪恶、苦难、贪欲和杂念。只有如此，种子才能为种子，才能完成它的生命历程。不过，种子再好，也得选对存在的地方。顽石上的种子，会被飞过的鸟儿当作食粮吃掉；而入土太浅，也不过是一株矮矮的枯苗。

哀莫大于心死，所以，心灵一旦麻木，寄托在心灵之上的伟大和神圣都将不复存在，烟消云散。

看清了这一点，我明白了一个道理：不管生于什么时代，处于何种境地，只要尽力获取资源，使自己的心灵土壤肥沃，满足精神生长的需要，伟大和神圣就会伴随在你的身边。因此，当我们自己随波逐流时，就会觉得时代缺少了信仰；当我们自己见利忘义时，时代就变得道德沦丧；当我们自己志大才疏时，时代就趋向平庸。休要怪啄木鸟的无情，烈日的毒辣，那是因为你的心灵首先开始的荒芜，才没有守住肥沃。

二月二十日　不满足的人更快乐

　　心灵土壤的好与坏到底取决于哪些因素呢？说实话，这是一个很玄乎的问题，我也不知道该如何作答。不过，我可以根据人生经验来推测一下，那就是很可能是天生的。天赋的差异决定了精神疆域的界限和心灵土质的不同。我们都很平凡，不是每个人都能像歌德和贝多芬那样，拥有浑厚、高崇的精神世界；也不是都能像王尔德和波德莱尔那样，把自己的精神世界装扮得精致和奇巧。不过，幸运的是，上帝赐给的心灵土壤虽然多少不定，但不是天生就是贫瘠的。土壤的肥沃或荒瘠，在很大程度上取决于每一个人自己。因此，对待自己的心灵土壤，应该用心去开垦、施肥、播种、吐芽、生花、结果，最后收获一大片果园。不过，谁也说不准，或许收获的果子会在不经意间又成为种子，然后又找到适合它的土壤。这样一来，我们就可以自成为新的撒种人，再次循环上面的过程。

　　和我们所学的专业划分不同，对人类来说，精神生活的土壤是一个统一的整体，并不能分割开来。在人类精神生活的土壤中，只要扎根，努力汲取养分，生出的植物不管是什么类别，就能够苗壮成长，欣欣向荣。

　　如果把人和动物相比，人因为不满足，所以比满足的动物要幸福得多；如果把苏格拉底和愚者相比，苏格拉底因为追求不止，远比停滞的愚幸福。所以，不满足的人往往会比较幸福。

　　接着来比较人和动物。人和动物相比，二者的不同就在于有没有灵魂；苏格拉底和愚者相比，二者的区别在于灵魂是清醒的还是昏睡的。人有灵魂，所以不能像动物那样活着。动物可以满足，人却不能，因为人要不断地寻找，在丰富的精神世界中寻找生命的意义，进而再丰富人类的精神世界。

穆勒解释说，因为人能对事物作出判断，而动物不能，所以不满足的人比满足的动物要快乐，并且这种快乐会更丰富。比如我说了一句幽默的话，如果你是动物，你就不会懂这种幽默，说与不说对你不会产生任何影响。当然，我这样比喻没有恶意，我宁愿相信每个人都能做苏格拉底，不做那个愚者。

辑三 自我认识

二月二十一日　发现内心

　　天才，就是那些相信自己思想的人。他们相信，在内心深处，对他们适用的东西同样适用于一切人。当你说出自己的内心信念，它就会成为一种感受，一种普遍的、通用的感受；在恰当的时候，内心深处一直隐秘的东西，就能自然地变成真理为公众所知。这种真理就是我们内心最原始的想法，好像号角在我们耳边响起。声音来自灵魂深处，因此我们才觉得熟悉、亲切。我们认为的那些伟大的人的伟大之处，不是因为他们蔑视传统和书本，而是他们所表达的思想都来自内心深处，是最简单的。对每一个人来讲，要善于发现自己心灵闪过的微光，而不是敬仰伟人的光彩。但是，人们往往背道而驰，不重视属于他自己的思想。那些天才们的作品，点拨着我们，带领我们找回自己尊贵的思想。别指望伟大的作品有哪些神奇的效用，给我们的教益仅仅如此，也最好如此。我们从中明白：要心平气和地坚定自己的信念，而不管别人怎么说。我们不希望看到，在第二天，一位我们从未见过的人说出我们一直的感受和期望。到那时，我们的见解要从别人那里取得，想想都会觉得羞愧。

二月二十二日　珍惜生命

每个人的生命只有一次。

如果人生是一片大海，我们就是一丝不挂的泅渡者。要想胜利到达彼岸，需要坚强的意志，不竭的活力和健康的体魄。同时，还要看清方向。只有如此，才能到达。在浩瀚的大海中，惊涛骇浪，暗流漩涡随时都可能出现，我们随时都会有危险。

面对惊涛骇浪、暗流漩涡，我们要斗争不止。与困难作斗争的过程，就是不断战胜自我的过程。战胜自我的过程，就是战胜胆怯和懦弱的过程。

在斗争的时候，我们还要超越自我，丢却所有的平庸和懒惰，代之以不凡的勤奋。

我们要认识到：人的一生，既有鲜花与掌声，更有杂草与冷落。

人的一生不仅仅是满足于春华秋实，还要承受酷暑寒冬。我们要学会享受独处和沉默，耐得住寂寞；享受凄凉和悲壮，经得起挫折。

我们热爱生命，珍惜生命，但不要碌碌无为地苟活着，这样和慢性自杀没什么区别。

我们热爱生命，珍惜生命，就要珍惜时间，这样等到丰收的时候，我们脸上就会露出微笑。

我们要明白：进取是生命的内涵，拼搏是生命的意义！

二月二十三日　自尊

每个人都有自尊，每个人都需要自尊。自尊是每个人不可缺少的良好的心理。

自尊对每个人来说是公平的，不因世俗的尊卑贫富而有所差异，它是人类精神和灵魂的制高点，高高在上。

自尊是一种力量。这种力量很神奇，可以把腐朽和耻辱变为神奇与光荣。古今中外，有无数的人杰能在困难和挫折中一次次站起来，前行着，靠的就是自尊的力量。自尊推动着他们坚持不懈，勇往直前，最终获得成功。

自尊给生命以意义，给人生以支点。

还记得《简·爱》中主人公的形象吗？这个形象能够震撼读者，正是自尊精神发挥出的作用。它赋予主人公独特的人格魅力，这种魅力让我们折服。

人生不能没有自尊，不然，生命就没有价值可言。但是，我们要学会正确把握自尊的内在含义，否则也可能成为我们精神和灵魂的阻隔。自尊不是一块遮羞布，要认清它的要义，才能使生命和人性得到更好的发展。

在人生的道路上，自尊往往决定了我们将来的命运。获得荣誉是很多人奋斗的目的，但是荣誉往往会毁了一个人。因为有了荣誉，人们就会停滞不前，接着灵魂和思想就会被腐蚀，最终失去自我。和自尊不同，荣誉其实和将来没有关系，它只不过是一种回忆，不能保证命运的美好。对待荣誉，我们应该只把它当作新的起点，在此基础上不断进取，才能赋予荣誉更深的含义，让我们走向更好的未来。

人，应该多关心将来，而不应抱着过去的荣誉不放。获得荣誉之后，应该把它当作动力，当作激励。一个伟大的人曾说：回避荣誉会获得更大的荣誉。的确，一个不断追求事业的人，荣誉会时时陪在他的身边。

相反，那些苦心竭力追求荣誉的，往往得不到荣誉的垂怜，而与荣誉失之交臂。

二月二十四日　人生的追求

河流奔腾不息，追求着无边的大海；嫩芽生生不息，追求着无尽的绿色；雄鹰展翅高飞，追求着浩瀚的蓝天；风帆奋力前行，追求着荡漾的激流。

对于更高级的人来说，应有更高的追求。

生命宝贵，每个人都应紧跟时代，自强不息地去追求。

崇高的理想、伟大的事业、幸福的生活、甜蜜的爱情，都应该是我们所追求的。

追求各种各样，有高尚和庸俗之分。高尚的追求，让生命壮丽、精神富有；庸俗的追求，则让生命昏沉、精神腐朽。

追求不同，收获也就不同。看那一座座高楼大厦，那是工人追求的结果；看那田野里的硕果，那是农民追求的结果；看那一次次科技进步，那是知识分子追求的结果。

我们的生命之树因追求而繁盛，我们的智慧之泉因追求而喷涌。在追求中，苦涩、风险不可避免，但我们不应退缩、逃避，要勇于面对。当走过这些艰难，就能体味到追求的快乐。

那么，追求中最大的乐趣是什么呢？那就是对知识的追求。知识是人类的财富，是永恒的财产。追求知识的人才是生活真正的强者。而那些虚度光阴、打发时间，不去追求知识的人，往往是生活的懦夫。

二月二十五日　矛盾的人生

生活之中，到处充满着小挫折之间的意义争夺。而这时，那些大的苦难就选择了在毫无意义的深渊里沉默不语。

在一个人孤身旅行中，我们容易感到伤怀。其实大可不必，因为，谁人不是在踽踽独行？生命本身就是孤身前行。

看透人生，了悟生命之后，你就会明白：不用去挖空心思、大费周章地去解决矛盾，因为矛盾于人生来说，是永远不可能解决的。那么，就把一切交给生命之光，交给时间吧。

二月二十六日　认清自我

在那些逝去的日子里，曾经有过多次，因为我没有看清事物的本质，被表面的虚荣所迷惑。没有看清本质的原因在于没有对自己的本质有深刻的认识。而今，我对周围的一切都倍感熟悉，因为我正站在适合我、完全属于我的一个位置上。这里没有追逐者的脚步，没有人在此停留。究竟是哪一天来到这个地方的，我已经记不得了。在我的意识里，我觉得已经来了很久了，因为我对这里并不陌生。

虚名于我没有价值可言，我不会为了它放弃我的生活和感情，更不愿用它淹没自尊。

二月二十七日　感受外物

为了使亚历山大大帝相信朱庇特是他的父亲，有人不断地奉承。某天，亚历山大不小心受伤。他看着流出的鲜血说："这鲜红的血全是人血吗？如果是，为什么和荷马所写的不一样呢？"

为表敬意，赫尔莫多罗斯写诗给昂蒂戈诺斯，把他称为太阳之子。原以为昂蒂戈诺斯会很高兴，却不料他说："我最亲近的人知道并非如此。"

人不过是世间的一个生灵，只是一个小小的人。即使他统治了全世界，都无法改变他没什么才能的既定事实。即使赢得无数姑娘的芳心，也是如此。

再者，若是这个人天生愚笨，没有力量，没有思想，不理解幸福，要他又有何用？

用心者创造出了存在着的事物，所以我们要善于使用。这样一来，它们就不是累赘，而是宝贵的财富。

其实，上天给了我们很多好处，好处都整整齐齐、原封未动地摆在那里。你要用心才能感受得到，才能享受得到。使我们感到幸福的，不是现实的拥有，而是用心地享受。

一切外物，如房子和土地，珠宝和华服，并不能为发烧的我们降温，也不能消除种种焦虑。一个人要想获得好处，一个好的身体是必不可少的。外物可以暂时使我们高兴，但靠这些获得的快乐只是过眼烟云，一阵风来，就消散殆尽。

一个反应迟钝的人享受不到生活给他带来的幸福，因此，我们要时刻保持灵敏和觉悟。不然就如同一个味觉失灵的人吃着一道道可口的饭菜，一批千里马欣赏不了豪华的鞍辔一样。

柏拉图说得没错，一切被人称之为好的东西，如健康、美丽、力量、财富等，对公道公正的人来说是好东西，对不公道不公正的人来说则是坏东西。换个角度去说，所有坏的东西也是如此。由此，好与坏的区别取决于它们的对象。

二月二十八日　如何评价一个人

要做到客观地评价一个人，就要撕去他身上层层的包裹。很多时候，他们活得太过小心翼翼，总是把一些无关紧要的东西展示给我们，而把有价值的埋藏在深心。但是，我们想要的不是剑鞘，而是宝剑。等有了宝剑，剑鞘似乎就一文不值了。判断一个人的价值，不应该根据外表，而应该按照其本身的价值来确定。

我们觉得他人高大，是因为我们是从鞋底开始算身高的。也就是说，其实算身高不应该加上鞋底，就如判断一个人，应该抛却附加在他身上的荣誉和财富一样。

我们有诸多的问题要问，如：他的精力充沛吗？他的内心美好吗？他对别人善良吗……所有的问题并没有加入外在的因素。当明白了这些，我们便能知晓：人与人之间的差别主要是内在的差别。

贺拉斯问：人能够完全地藏而不露，八面玲珑，任凭世事擦身而过，不受命运的打击吗？这个问题，还有待于后世去解答。

三月

阶级的产生让世人开始自我膨胀起来。大多数人已经在迷失自我，为了获得更多的资源，他们处心积虑，追名逐利，全然一副副贪婪的面孔。其实，他们有所不知，剥削与被剥削是相互转化的。每个人不过是生活在自己的猎场，在幻觉中寻找畅快。每个人的内心都有一股冲突的欲望，要想了解这份欲望，就要不断地认识自我，提升自我。

辑一　变化

三月一日　超越自我

人生就是一个不断超越的过程，不应该停留在某个阶段。就好像一条河，永远地奔腾不息。

超越在生命的历程中不可缺少。它是生命的升华，是人生的突变，是每个人的提升。从古至今，人类的文明正是在一次又一次的超越过程中来实现繁荣昌盛的。

在你想要超越高山大海之前，首先要超越自我，超越生命对你的要求。

尼采说："生命企图高树起自己的云梯——它渴求眺望到遥远的地方，渴望着最醉心的美丽——因为它要求向上!"

人活一世，不能贪图安逸，耗费生命。而应不断超越自我，努力创造。在生活中，那些懒惰之人，不会明白更无法享受人生真正的趣味。只有努力创造，才有超越可言；只有努力创造，才有立足可言；只有努力创造，生命才会因此而更加光辉。

翻阅人类历史，发现伟大的人物都是超越生命的典范。如哥白尼、拿破仑、莎士比亚、巴尔扎克、马克思等，这些人视艺术、科学为生命，在超越的道路上从不停下自己的脚步。正是这种超越，让他们家喻户晓，永垂史册，影响着后人。

超越自我的道路不是平坦的，一个人只有靠坚强的意志，不断地追求，顽强地奋斗，才能走下去，开拓新的未来。

在超越自我前，首先要认识自我，认识自身的不足。在此基础之上，摈弃种种陋习。然后，再整装上阵，迈开超越的步伐。

人生短暂，既然活着，奋斗和超越就是你必须完成的课题。在这个过程中，需要适时调整目标，丰富内容，完善自我。当完成超越之后，你定会达到新的高峰，实现自我的生命价值。最美的风光永远在山顶。想去领略，那就出发吧。

三月二日　保持平常心

人都是具有无尽的潜质的。没有做不到的事情，只有不去做的事情。有人说，如果我们的潜质爆发，其力量可以与神的力量相比，甚至超越神力。我们无法考证这句话是否正确，单从自我的分析来看，是很有道理的。每个人都有各自的内力，再加上神的意志和自信来弥补人的不足，综合起来，确实每个人潜在的力量都很大。

在神话传记里，常常会出现人力胜过自然力的奇迹。遗憾的是，这种力量太过短暂，转瞬即逝。因此，很难影响到我们的思想。我们只把它看作一种平常的自然习惯罢了。

我们这些普通的人，如果受到外界环境的激发，就会突然超越常态，显示出超常的力量；但是，激情是短暂的，激情过后，一切如常。我们又回到最初的模样，又会情绪平平，甚至为一位可怜的老人而伤心，为受伤的小鸟而难过。

因此，智者说，只有认真考察一个人平常的行为和处事方式，我们才能正确地判断一个人。

三月三日　追求源于内心之中

人都有自然而然的习惯，看见美好的景物就会喜欢。比如在大街上看到一个美女，就会忍不住多看几眼。这与好色无关，就是喜欢，不能强迫自己不去喜欢。但是，这只是喜欢，我并不想要从喜欢中获得什么，也没有权利获得什么。

你可以认为我是一个没有野心的人，但不能说我是一个没有追求的人。我对外在的要求不高，现在得到的就已超过我的预期。但是，就内在方面来说，我对现状并不满意。

什么是正业？什么是副业？我个人觉得二者并无区分的必要。只要是你内心让你做的事情都是正业。因此，当你做着自己想做的事情的时候，就不会在乎别人的赞美或讽刺。因为别人对你来说，构不成干扰。

庆幸的是，思想和文字是我生活中不可缺少的极其重要的部分。当然，我并不会期望它们带给我荣誉或成功。我只想把它们放入我可爱的心灵之中，不被外界所打扰。

三月四日　"变成"是一种竞争

很多动词之中都有竞争的含义，"变成"就是其中一个。

生活是一种"变成"的过程。穷人向富人转变，丑女向美女转变。人生时时在变成之中。不管我们处在何种境界和状态，都有责难存在。所以，"变成"之中包含着痛苦，充满着竞争。现在的我总想变成那样的我，我们在无止境地挣扎着。

三月五日　"变成"不是和谐的状态

对目前的状态不满，所以想变成喜欢的状态，是一种自我投射。看着是相反，不过是修正一下而已。我们想变成的一种东西，原本就属于我们。所谓的新的追求，只是一种妄想罢了。就如你天生是个窃贼，却一心想当个良民，这就是思想的投射。

头脑会欺骗我们，我们要分清虚假。幻觉会导致不和谐的产生，自我冲突就是其中一例。若发现自己被耍，当下的真相会让人感觉心安。真相的转化，要摆脱变成的活动，瓦解整个人的心智。当真相有名字时，头脑与之的对应关系就会产生。假如没有命名，眼下的问题就不会存在，内心就是和谐的。

三月六日　超越自我

若是想要真正地了解自己，智慧和警觉是不可少的。当你坚决地想要把自我消除的时候，自我反而会被强化。在一定意义上讲，创造性和自我的经验是没有关联的。想要创造，就要舍弃自我，超越自己所有的经验。所以，心停下来不去识别什么，不去想要获取经验的时候，才有可能产生创造。换一种说法就是，已经不存在自我活动了。诸多问题的源头都是自我。一种活动，只要和心智相关，不管是好是坏，都在某种程度上把自我强化了。想要产生辨别的活动，这种概率是很小的，把心放入寂静的状态才有可能发生。

三月七日　认清当下

有没有信仰对一个想了解人生的人来说，并不是那么重要。若爱，就去爱，不要想什么信仰的问题。沉浸在心智之中，杂念就会多起来，因为我们的大脑时刻都在寻找安全感。为了躲避危险，他需要用信念和理来保护自己。直面暴力是很危险的，因为，你也会成为危害社会的一员。因此，重要的是了解当下，而不是给自己设定理想。

当下发生的都是真实的，而理想属于未来，是虚构的。想要对当下有一个深入的了解，一颗公正敏捷的心智是不可少的。我们在生活中之所以逃避，是我们不敢面对当下，于是创造了一个理想。打破虚构，当下的真相才会显露出来，清晰起来。被困在虚构之中，想要发现真相，那是不可能的。所以，我们要对自己进一步了解，包括自己对自己的想法。认识了虚假，才有认识真实的可能。对自己和周围的人与事物之间的关系，我们必须认清。认清虚假，真实才会出现，快乐也会接踵而至。

三月八日　破解愚钝

粗钝的心想要变敏感的想法本身就证明了这颗心是粗钝的。假如我知道自己的心是粗钝的之后，没有立即做出行动去改变，而是先在生活中找出粗钝的原型和例子以及自己粗钝的表现，长此以往，粗钝就会成为自己的一种惯有的状态，就会转化为自己的一种生活习惯。接着说，如果我是个愚钝之人，想要摆脱愚钝，于是时时刻刻告诉自己向聪明转化，并为之努力，但是，努力也是愚钝的。这样看来，了解什么是愚钝的是前提条件。不管一个人是多么的勤奋，是多么的爱学习，接受了多少伟大的智慧，愚钝仍会在他身上不肯离去。想要破解愚钝，消除愚钝，就要把自己在什么中的愚钝行为了解透彻，看个遍，从对待不同人的态度之间获得一种觉知，然后发挥觉知的力量。

三月九日　改变当下的真相

对一个人来说，努力奋斗没有错，但我们要考虑到会带来的问题。努力应该成为一种常规的行为，前提是要了解努力是什么，也就是说其定义是什么。对于眼前的真相，我们常常逃避、改变。但知足的人不会这么做，他们会先弄清真相的定义，然后再把正确的意义加在真相上。

真相与满足密切相关，不满足的人往往不了解真相。想要了解真相，一种无为的精神是不可缺少的。当然，这里所说的和技术无关，只是一种心理上的挣扎。相对来说，心理上的问题要高于生理上的。你们可以建立相对完善的社会制度，但社会制度最终还是瓦解，因为你们对心理层面上的纠结和挣扎并不了解。

很多时候，我们越是努力，离真相也就越远，因为我们的心一直没有平静下来。若想平静，只能把真相接纳。但只要现在的真相还能完善，说明我们依然没有接纳。真相的改变需要一种大胆破坏的魄力。

三月十日　不满眼前的真相

对于眼前的真相，我们常常表示不满。比如不满现在的社会状况，不满现在的自我状态等，我们看到的都是一些阴暗面，丑陋面。我们不断在寻找改变这一切的方法，想要找到一个使自己觉得满意的答案。因为不满眼前，所以每个人必须想办法去改变这一切来达到自己的满意。不过，让人不明白的是，我们不去找原因，而是一直忙着找方法，因此忧愁和焦虑不可能消除。

这是可怕的，因为我们面临的挑战可能会更大。我们的心是不安的，它总想转化眼前的真相，让它成为别的什么东西，这东西中包含着责难、比较等。当我们安静下来的时候，认真观察的话，就会发现我们的心总是在谴责真相，力图把真相变得合理。那些造成痛苦和焦虑的东西，是不受我们欢迎的，所以我们把它们甩到了一边。

三月十一日　奋进的声音

走在人生的道路上，常常听到有个声音在喊呐喊道：生命有限，快去创造。有创造才会有收获。只要你还活着，生命还在运转，就去努力吧，创造吧！

曾经，我有过对机遇到来的无限企望。在我还在等待的时候，那个声音又传来：努力奋斗的人才有机遇，有准备的人才有机遇。而一味地等待，就会与机遇失之交臂，在等待中耗尽美好的青春。

当我对现状不满、叹息的时候，那个声音又说：感叹一无所用，抬起高昂的头，奋力拼搏吧。当我捶胸顿足的时候，那个声音又说：站起来，选择新目标，感受新生命。当我名落孙山的时候，那个声音又说：条条大路通罗马，不必自怨自艾。当我陷入困境的时候，那个声音又说：逆境是一所大学，要学的还有很多……每一次的失落，总会有一个声音告诉自己坚强。

人生是一张答卷，上面有无数考题。不过与考试不同的是，所有问题的答案只有一个，那就是不断地奋进。

人生是一段旅程，迈出的每一步都是一个新的出发点。为了证明我们生命的存在和生命的意义，我们随时都要上路，随时都要创造，随时都要奋进，生命会因此而辉煌。

三月十二日　竞争

人生在世，时时、处处都是竞争。

若是把人生比作一场足球赛，球门是人生路上永恒的诱惑。每个人只要有一息体力，就会千方百计地破门射球，奔向诱惑。

对足球赛而言，竞争就是在碰撞中摔倒，在受伤时咬牙。而结果呢？高兴、痛苦、遗憾并存。没办法，总会有人赢球，有人输球，还会出现平球。

求新、突破、活力、发展等，这些都是竞争的目的，也是竞争的意义。

自然界的发展规律是"物竞天择，适者生存"；人类的发展历史也充满着朝代更替，战争不断。这些，也都是竞争的体现。

当然，只要有竞争的存在，就会有风险的伴随。因为竞争，小舟可以被海浪推向波峰，却也会被海浪卷进深渊。人生也是如此，要么璀璨夺目，要么粉身碎骨。

竞争的魅力在于惊心动魄的体验，而胆小的人永远不可能有这种体验，他们尝不到冒险的乐趣；那些胆小如鼠的人，永远不敢冒险，而这是他们生命中的忧患，永远无法摆脱。

在登山的过程中，有人奋勇向前，争夺第一；有人跟在后面，寻求安全。同样，下棋时一步的失误并不意味着满盘皆输，而不同的人在棋盘面前却看法不同：有人悔棋，有人再不敢博弈，有人反思继续向前。

在生活中，如果你满足于惬意，也就离平庸不远；如果你跨过了困难，也就离卓绝不远了。

三月十三日　忠诚是前行的动力

当我们成功的时候，我们常常会回忆起通往成功道路上的种种经历。想到往日的点滴，我们就会兴奋不已，所有的疲惫不堪都被丢到九霄云外。但是，在一开始奋斗的时间段里，成功似乎遥不可及，它总是藏藏掩掩，躲在一个触摸不到的地方。正因为如此，我们的目标不明确，走得很坎坷。但是我们还是坚持下来了。那么，我们坚持要长途跋涉的力量是什么呢？

对，是忠诚！它一路激励着我们前行。

正是怀着这份虔敬之意，我们意志坚定，没有被忧虑打败，依然前行着。正是这份忠诚，我们把脚下的不平之路变成坦途，在上面快速地奔走。

一路上，总有迷茫空虚的时刻，而这时我们的精神支柱又是什么呢？

对，是忠诚！忠诚托起那颗就要下沉的心，把它高高举起，一直不停地向上。

骆驼是沙漠之舟，在为旅人服务时，任劳任怨，没有一点傲气。即使没有足够的饲料去喂它，它仍会迈步前行。即使没有水喂它，它照样阔步向前。茫茫的沙漠之中，我们看到骆驼在晒得滚烫的黄沙中默默地走着。因为忠诚，即使前方是绝路，它仍不会绝望，继续怀着希望向前。

三月十四日　以行动看透人性

不管处于什么境地，不要轻易去动感情，这足以保证你的优势地位。因为世间的纷扰太多，不动感情才能免受纠葛，才能让我们冷静思考。在生活中，我们常常会受到不公平的待遇，而冷静能把这些不公正的行为变成有用的材料供我们认识。这样就能减轻它们对你的伤害。

浅薄之书，翻几页便知其浅薄。深刻之书，细读之后才能领会深刻。

平庸之人，几句话就知其平庸。伟大之人，长期观察之后才能确信伟大。

很多时候，直觉能帮助我们避开最差的东西，但是，只要靠着耐心和经验，我们就能获得最好的东西。

在人的一生中，我们总在不断地作着各种决定。而对我们每个人而言，作决定却是件痛苦的事情。因为，作了决定就要去行动，并且要承担由此带来的一切后果。

在指派人做事情的时候，要让他去做力所能及的，而不能因为同情让他去做他做不到的事情。同情心在一些时候是不可取的，因为不是所有的人都可以做慈善。钱财和才能是两个不同的概念，钱财解决不了才能施展的问题。

只要我们用心思考，就会发现，在我们的周围，能够看透大事的人往往很超脱，对应地，看不透的人则比较执着。就小事而言，看透者豁达，看不透者却斤斤计较。不管大事还是小事，心态最重要。

但是，不可否认的是，有人身上超脱和计较、开阔与狭窄并存，有人身上执着和豁达、简单与开朗并存。这其实并不矛盾。

人性本来就是复杂的。

三月十五日　忠诚是旅途的伴侣

风景再美丽，泉水再甘醇，但对我们而言，那都是暂时的，不会一直在路上陪我们的。在我们生命的旅程中，干燥、冷寂和疲乏常常陪着我们，但这些也都是暂时的。忠诚才是永恒的。忠诚有自己的特长，它能把丰富的虔诚之水长时间地保存在人体内。等到缺水或口渴的时候，虔诚之水就会流出，化解干渴。

平时，我们经常提到的虔诚，是对目标探寻的虔诚。但是，忠诚与虔诚不同，它是对探索的虔诚。探索是艰辛的、枯燥的，但这正是生命的财富，是忠诚于生命的。当我们深深挖掘的时候，能发现深处饱含的深沉的快乐。这些快乐是那么的无私、神圣。正是怀着这份快乐，我们排除失望，不惧死亡，奋勇向前。

忠诚是我们行走在沙漠中的伴侣，它默默无闻地支持着我们，直到抵达目的地的那一天。到那时，它又把我们交给虔诚，然后又回到内心深处。

忠诚是谦虚的，内敛的。看到我们成功之后，它又心满意足地悄悄躲了起来。对它来说，这便足够。

三月十六日　真正的强者

简单的人年轻常伴，世故的人老态尽显。

从字面上来解读。懦弱，因为懦所以弱，顽强：因为顽所以强。

不过，大可不必怕什么，只要坚持，慢慢地你就成了生活的强者。

世上无难事，只要动手去做，就会觉得不过如此而已。俗话说，万事开头难，这并不是说事情难，而是战胜自己的懒惰之心难。想想自己，是不是常常因为觉得麻烦而不去做某件事情？长此以往，就会对自己失去信心，就会自暴自弃，怀疑自己的才能。一个强者，因为懒惰就变成了弱者。这样的例子比比皆是。

两方较量，保持情绪稳定很重要。若一方情绪激动，则肯定对该方不利。

对待别人暗中做的对你不利的事，最好的办法就是保持平静，假装不知，不去捅破。不然的话，他对你的敌意就会越来越浓。恨会因为别人推测你会恨他而变得更恨。

真诚在相处的过程中很重要，可是要把握分寸，不然就会酿成笑话。真诚一旦被玩弄，和虚伪被揭露一样，会让人尴尬狼狈。

　　天才藐视世俗，智者超脱世俗，英雄征服世俗，这就是三类人对待世俗的态度，这种态度是居高临下的。

　　领袖也有等级之分。一等人物用大智慧、大宽容超越民主；二等人物用意志和自信厌恶民主；三等人物因为平庸，所以恪守民主。

　　人生中难免会出现各种错误，但不是所有的错误都必须去纠正。有些错误如果纠正，适得其反，或许更严重，或许导致新的错误的出现。

　　遗忘对每个人来说也是应该的。确实，有选择地遗忘，能让我们生活得更好，更轻松。

三月十七日　进取是一种魄力

　　人们都认为，积极进取是一种魄力。殊不知，敢于面对失败也是一种难能可贵的魄力。

　　人之所以有聪明和愚笨之分，就是因为有人在失败后站起来接着再干，有人用失败牢牢锁住了自己。

　　人生需要专注集中，分心成不了大器；遇事要果断，否则会有很多机会溜走。

　　生活中，要想在竞争中获胜，勇气和智慧都是必不可少的。要敢于迎接风险，积极努力思考。这样，在行动的时候，就能够减少风险，获得成功。一个会判断风险的人，就是一个具有竞争能力的人。

　　在竞争中，要明察秋毫，是激流勇进还是全身而退要具体问题具体分析；是减少损失还是改变战略，转移方向，要根据事情发展的阶段重新规划。

　　不光彩的竞争还没有消失，平庸的人还有人赏识，阿谀奉承还一直存在，胜利对人们来说还是一种渴望和期待，而不是一种陶醉。

竞争是一种有意义的挑战，所以要主动参与。既要敢于竞争，又要善于竞争。既要和弱的人竞争，又要敢于向强手发起挑战。

真的斗士，不在乎输赢。对他们来说，轻易取得的胜利没什么荣耀可言。因为他们知道，只有遇到更强的对手，才能提升自我，超越自我。所以他们时刻准备着，准备着同强手一决高下。

因此，每个人应该渴望遇到比自己强的人，在与强人的竞争中发现不足，完善自我，超越自我。

竞争的终极目的是看到一个全新的自我。在这个过程中，每个人都可以平等地、光明正大地参与，体会过程的丰富多彩，提升自我。

三月十八日　哲学家——死亡的学徒

理论和实践必须有效地结合起来。理论和教育不足以指导我们的行动，唯有实践才能锻炼我们的思维，培养我们的大脑，从而使实践符合我们的要求。简而言之，单有理论，我们在行动时仍会左右为难。

在人类历史上，很多哲学家希望有所作为，用实践弥补自己的经验不足。于是他们主动去实践，去接受困难的考验。

在这些哲学家中，有的人饱受生活之苦，在苦难之中，获得了与疼痛和劳累作斗争的方法。更让人想不到的是，还有一些人放弃了肢体和器官，因为他们觉得这些肢体和器官削弱了一个人的精神斗志。

但是，他们也只是哲学领域的学徒，因为他们无法去经历死亡，并把这种体验记录下来，因为死亡只有一次。他们能做的只是经历种种的不幸，而这与死亡比起来，远没有那么深刻。

三月十九日　学习使自己走得更好更自在

学无止境。这里所说的学习，不只是在学校里的学习，而是说随时随地的学习。活到老，学到老；人在哪，学在哪。如果理解为上学，那未免太过肤浅了。

人各有兴趣所在，不同的年龄阶段，想要做的事情和想要学习的东西也各有不同。

那么，该如何学习呢？学习什么呢？学习要符合我们自身实际，学习的东西要能为我们所用。

有人问小卡东："已经日薄西山了，还学这些东西到底有什么用处？"小卡东微笑地说："使自己走得更好更自在。"这样的回答不带一点功利色彩，很是难得。

在生命所剩不多的日子里，小卡东得到了柏拉图关于灵魂永恒的对话录。这本对话录使他明白，他还没有为死亡做好准备，所以他继续着自己的日常生活。对照柏拉图在书中的要求，我们发现，其实小卡东已经超过了那些要求，他的学问和勇气也超越了自己的哲学观。

死亡是一件急不得的事情，在它还没到来之前，不必为了迎接它而做出特别的改变，过好当下就行。

三月二十日　守望的距离

什么是超脱？有人认为，所谓超脱就是与世隔绝，飘到九霄云外。但其实，超脱就在自己与自己的各种遭遇之间保持一个距离，在距离之外看待世界，看待万事万物。

一个对人生省悟的人，往往是看透底蕴和限度的人，往往不是一个胸怀壮志之人。在他有责任心的前提下，我们可以称这种人为"守望者"。纷繁的世界中，"守望者"有他自己的位置。在我看来，这类人不可缺少，他们一方面与时代保持距离，一方面守护着人类的精神家园以及那些永恒的价值。

　　但守望者不是旁观者，他们对当下的世界十分关切。在他们眼里，精神远远高于物质。即便是物质极大丰富，但若精神空虚，灵魂就无所依靠，人生就不会幸福。

　　在人类精神家园的园地里，守望者正在虔诚地守护着心灵中的圣土。在那片圣土里，有人生最基本的精神价值。同时，人类精神生活的每一次动态，都引起他们的警惕。

三月二十一日　两面性的世界

人是什么？这是一个深刻的问题，一时难以解答。但人意味着什么？我要告诉你的是：一切。

世间万物都有两面性，人也不例外。每个人都有善良和邪恶的两面。在日常生活中，我们要懂得满足，获取了利润，就要纳税。道理很简单，不管你是善良还是邪恶，要想赢得好处，就要付出代价。某种利益的失去，肯定会在别的地方得到补偿。理论并不高深，即使平常人也会这么认为。

不过，有一种东西远比补偿深刻，那就是机智。这种机智是灵魂的本质所在，存在于灵魂深处。灵魂存在于生命本身，存在于无关宗教的深渊中，它不是一种补偿，就只是灵魂。

本质和上帝是一个整体，这种整体不可分割。世间万物的存在是对普遍意义的肯定。这种肯定无关否定，本质、真理、道德都由肯定而来。否定的东西无法获得事实，也不可能在宇宙之中起到任何的作用。因为否定本身就不是客观存在着的东西，没有善恶之分，好坏之别，不会对人类造成任何伤害。

三月二十二日　美是心灵的舵手

"美的事物是神秘的自然法则的显现……"（歌德）因为美的存在，我们能透过现象，看清事物的本质。人们对艺术作品浅薄和荒谬的兴奋之感，源于美的本质特征的激发。这也就不难解释为什么有很多人蜂拥着去意大利、希腊和埃及。每个人都珍惜自己的财产，但更珍惜从存在着的美中的获得。当下的世界虽然非常注重实用，但如果一个物品只有实用，我们并不会对它满意。对人而言，更高的生命价值就在发现美的一瞬间。美的存在，才能让生活赏心悦目。

什么是美？其实并没有一个准确的定义，这一点从很多哲学家的悲惨命运就可以感知到。但是，我们可以列举一下美的特征。在生活中，那些简朴、单纯的事物往往被人们称为是美的，原因就在于在它身上没有多余的东西，这些事物总能找到合适的途径，然后在表现自己时恰到好处；美与世间的万事万物有着不可分割的联系，正是这种联系使得矛盾对立的诸多方面趋于一个平衡的状态；除此之外，美还有其他的特征，即高尚和永恒，在其中都有美的存在。

常常听人们说，爱情是一件糊糊涂涂的事情，是盲目的，不理智的。从画像中，我们看到丘比特的双眼被蒙了起来，由他选择的爱情往往是错误的。为什么丘比特要蒙上双眼？难道非要盲目吗？对，蒙上了双眼就看不到了那些不愿看到的事情，就不会心烦意乱了。但是，爱情是猎手，并且是人世间最犀利的猎手，它一生都在寻寻觅觅，在我们意想不到的时候，它又找到了自己想要的东西。

在希腊神话中，我们可以看到，火神赫淮斯托斯被描绘成一个瘸子，爱神丘比特被描绘成一个盲人。这是为什么呢？原来神话之所以这么写，是为了让人们明白一个道理：别被表面所迷惑，赫淮斯托斯其实四肢健全，丘比特其实洞观一切。我们看多了神话就会明白，永恒诞生了爱情，美引导着爱情。或者我们更简单地说：美是心灵愉悦的感受，是心灵的舵手，带领每一个人走向美好。

三月二十三日　美德是真实的行为

对于美德，有一种为众人所认可的说法：美德是一种美好高尚的品德，是一种不规范化的行为，在人类思想行为范畴中属于例外。也就是说，美德和善行并不必然能联系起来，二者是有很大的区别的。人们的很多善行，如见义勇为、劫富济贫、乐于助人等，就和他们不履行某项义务而用金钱作为补偿的性质在深层次上来讲是一样的。他们的这些善行，是忏悔或救赎的一种方式，等同于生病住院要花费。

世间人们的德行归根到底就是不断地苦苦修行来为自我赎罪。但是，我只想生活，而不想像他们一样赎罪。我生活的目的就是仅仅是为了生活，并不是在史上留下一笔或者让后人去敬仰。关于生活，我希望是低调的。低调方显平淡，平淡才更真实。绚丽的生活总是充满变数，华而不实。对生活的渴望是支撑我活下去的动力，我希望生活没有饥饿和苦痛，充满健康和甜美。在谈论别人的行为时，我会立足于他本身之上，会从最基本的原理出发，而不是抛却他本身。我从来不关心自己是否做过一些善举或是不是应该做一些善举，这都无关紧要。我所在乎的是，或者说不能容忍的是自己原本的权利却被别人当成砝码来向我施压，向我额外索取。我只想做真实的我，不管才华横溢还是学疏才浅，那都是我。我无须也没有必要去努力向自己或朋友去证实什么，我就是我，一个真实的我。

三月二十四日　坏人不会心安

作决定的人是坏的，所以决定本身也是坏的。

这就好比一只黄蜂把人蜇伤。人第一感觉是觉得自己受到了伤害，但有所不知的是，最大的受害者是黄蜂。黄蜂不会轻易蜇人，除非在紧要的关头。不过，它会失去尾刺，紧接着它的生命也将伴随着失去尾刺走向死亡。

维吉尔说：人们把生命留在了伤口里，这个伤口是他们自己制造的。

矛盾是对立统一的，这种对立统一存在于自然界之中。据说，斑蝥身上的某个部位可以产生保护自己的毒素。让人惊奇的是，在产生毒素之后，毒素又可以被斑蝥自身来消解。就矛盾对立来说，一个经常做坏事的人往往是痛苦的，因为坏事做得越多，噩梦就会越多，他的内心就会越不安定。这是正常不过的现象，道理也是很简单的。做坏事的人常常会自我谴责，在谴责中把内心的邪恶暴露，把事情的真相暴露。

伊壁鸠鲁说：恶人找不到安身之地，心放在哪里都不会安宁，良心让他们无法逃避。阿波罗多尔常常做梦，在梦里他看到自己被斯基泰人抓获，自己受到他们的百般折磨，痛苦至极。阿波罗多尔听到自己的心埋怨说：你自己犯了错误，却连累我跟你一起受苦，我是多么的委屈啊。

尤维纳利斯说：对罪人来说，判官是他自己。在审判时，他绝对心慈手软。

对一个人来说，良心是多么重要啊！它虽然有时会让我们感到畏惧，但更多的时候是给我们安心和信心。正是怀着这份良心，我跟随自己的意愿，曾克服了千难万苦，一往直前。

三月二十五日　幸与不幸

世人都喜欢走近那些成功的、有地位、有影响力的人。与之相对的是，总是远离那些失败的、没有名气的无名小卒。或许你要说这是趋炎附势，但我并不这么认为。从人性来看，这是人的本能，因为在人的内心深处，趋乐避苦是一种本能的反应。试想，若非逼不得已，谁愿意承受苦难呢？观察我们身边的人，那些成功的人，其周围的气氛是欢快的，喜气的。所以人们才希望融入其中享受这份欢愉。可是，再看失败的人，周围的气氛十分压抑，旁人躲还来不及呢，怎么可能愿意去分享这份晦气。每个人的烦恼已经够多了，多一事不如少一事，快乐一时总比痛苦一时要好受得多。谁还会自寻烦恼呢？

我们之所以会愤怒，是因为我们被污蔑了，有人在我们头上加上了莫须有的罪名；我们的愤怒非但没有消停，反而更加严重了，那是因为我们被别人击中了要害，隐藏在我们内心深处的污点被人晾了出来。

面对别人的不幸，幸运的人或许对其表示同情，或许选择与其隔膜，这倒无可厚非，属于正常的感情基调。但是，偏偏有人抱以侥幸的心态，我真幸运，没有遭此灾难！

面对别人的幸运，不幸的人往往会表示羡慕，或者装作不屑一顾。但其实在内心深处，他们比谁都觉得委屈：茫茫人海那么多人，为什么非要选择我去承受这灾难！

当不幸的人有了同伴之后，我们对苦难本身的看法就会发生改变。一个人遭到苦难时，苦难本身并不会把我们压倒，压倒我们的是不能承受的不公正的命运的感叹。试想，当每个人都遭受这种苦难时，我们是不是就会觉得公正了很多呢？正如一个人在不幸中死亡，我们会感慨良久。而对于在战争中多数人被杀，我们会变得漠然很多，不去发出呼声。

三月二十六日　良心的折磨

刑罚是一种强制的处分，是人世间一种危险的创造。刑罚的出现，看似在维护人类的真理，但其实更多的是考验一个人的忍耐度。我们误以为对一个人采取刑罚就能让他说出事情的真相，但其实刑罚对两类人都无效用：一类是能够承受刑罚的人；一类是忍受不了刑罚的人。这两类人在刑罚面前都会掩饰。该怎么理解这种说法呢？其实不难。一类人本身没有犯错，就算受尽折磨，他也不会违心承认，即使许诺给他丰厚的待遇也无济于事；另一类人则会想：既然用痛苦来强迫我说出事实，那么我干吗不无中生有呢？蒙混过关也未尝不可。为什么会有这样两种不同的人出现呢？仔细思考，你就会发现，原来这是基于良心。

良心对不同的人会有不同的作用。良心可以使一个人受尽折磨，从而说出自己的罪行；良心还能使一个善良的人足够强大，以清白之心抗拒外在的痛苦，即使结束生命，也不委曲求全。怎么说呢，良心真是充满无尽的变数，危险和安全交错在命运之中。

苦痛真的能让人言行不一吗？人们的选择真的是情非得已吗？在痛苦面前，每个人都可能说谎，哪怕这个人与事情毫无关联。

三月二十七日　责任与内疚

因有同样的遭遇或痛苦而互相同情，这就是同病相怜的本意。但推敲起来，其实质却未必是不幸者对不幸者的同情，而是一个不幸者用另外一个或另外某些不幸者的不幸来安慰自己。通俗来讲，就是幸灾乐祸。或许你会觉得这样可耻，甚至认为这样的人很愚蠢。但是，换一个角度来考虑的话，有人安慰总比没有的好，即使这种安慰是别有用心的，甚至是愚蠢的。

旁观者清，当局者迷，对冒险与苦难来说，这种说法也是成立的。因为，事情的经历者没有旁观者把事情想的那么复杂，那么可怕。

强者的进攻并不值得尊崇，让人敬仰的是弱者的自卫，因为它更有深刻的说服力。

别小看轻蔑的力量，它可以帮人解脱，让人从无法抹去的回忆中走出来，从痛苦的爱恋中摆脱出来。举个例子来说，你对某个人爱得死去活来，甚至觉得没有他你的生命就没有了寄托，没有了意义。但是，突然有一天，你发现他做了一件让全世界人都瞧不起的事情，连你都深深地鄙视他、蔑视他的时候，你就会觉得你所有的纠结一下子荡然无存，所有的回忆一下子支离破碎。于是，你洒脱地往前走，开始了全新的生活。

我们在做一件事情之前，往往都会首先预料一下事情的结果。如果你认为完全是坏的，结果果然是坏的，那就没有什么可内疚的了；如果你没有预料到坏结果，也不必内疚，因为结果的发生不是你所能掌控的。在这里面，就牵涉到对责任的认识问题，一个是承担，一个是推卸。

那么，什么时候会发生内疚呢？即在预感坏结果发生却又企图避免的情形下，因为这会使你陷入两难的境地。这时，你既不能承担责任，又无法推脱责任。责任于你来说，关系微妙。所以，你只有忐忑不安，不知所措，心里内疚不止。

如果对一个人的伤害是存心的，或者你的伤害行为是正当、无意的，我们也不会内疚。只有我们的行为不是必须施行的，且极易遭来他人非议的时候，内疚才会在我们心里产生。

世上的一切人，都不是十全十美的，在特定的时刻，我们都会发怒，都会被定义成一个病人。一个病人的非正常行为，我们是可以理解的。这样一来，我们就可以把那些不善良的行为当作常态而不去计较。当我们不计较的时候，很多冲突和矛盾就可以化解，社会就会更加的和谐。对待自己的亲人，尤其需要如此。

三月二十八日　美德是一生所求

那些恶人往往不顾世人的眼光，在众目睽睽之下，继续着自己的恶行。他们没有一丝一毫的悔意，带着自己的恶行四处游荡肆虐。在这些罪恶的行为之中，报应一次次欺骗着我们。

在凡人和天使面前，恶人虽然胡说八道，但言语之间还是有一定的逻辑可循。正因为如此，他们只能活在灵魂的下面。他们再怎么说谎，再怎么狠毒，也难逃消逝的命运。

从另一个层面来说，错误的行为常常被有的放矢的言语所演示。在这个过程中，人们获得的感悟具有启示性。但是，说不出来的是，只有付出相应的代价，我们才会有对应的收获。不过，这不是惩罚，与善良、德行和智慧没有关联性。因为，美德和智慧的存在不是盲目的，而是理性的。

在德行层面上来说，什么是合乎理性？简单地说，合乎理性和我成为我自己这一概念是一样的，大可不必深究。我能融入这个社会之中，是通过道德行为的方式来实现的。黑暗的地平线会消失，只要我们给荒漠种上树木，而树木其实就是美德。当理性感知是纯洁的时候，当美好的德行寓于这份纯洁之中时，我们就会顿悟：爱、知识、美德是我们一生所追求，这种追求在任何时候都是对的。

乐观和悲观在道德中都是存在的，我们要学会褒贬，推动道德的灵魂不断提升。

三月二十九日　善性不等于美德

和从善的本性相比起来，美德常常是更加高尚的。在生活之中，那些心地善良、秉性良好的人在生活方式、行为方面，与有美德的人往往是相同的。不过，从善的人只是跟随理性的脚步往前走，他们所做的事情很多时候依赖天性，而天性具有偶然性。再看美德，它的表现却总是积极的，甚至可以称得上是伟大的。

具体来说，从善的人是大度的，他不在乎别人的冒犯。在别人冒犯的时候，他做出的行为会迎来大多数人的赞同，不管合不合理。而那些具有美德的人却不是这样。有美德的人则会在受伤的时候理性地控制自己的行为，把打击报复的心理压下去，最后做出更合理的行为，这种行为在深层次上会超越那些从善的人。从不同的做法中，我们可以看到善与德的不同之处。

常听人说，上帝是公平正义的，但没有人说他具有美德。因为他的行为是自然的，随意的。而美德则需要对立面的存在，在困难和对立中才能体现出来。有对立的一面，才能去谈论美德。

三月三十日　被模仿的德行

阻止罪恶的产生，往往需要花很大的力气，尤其是在罪恶遭到情绪突袭的时候。这时，最好的办法就是培育美德，以美德来毁灭罪恶的种子或者占领种子赖以生存的土壤。这种行为，比当罪恶产生时再去与其斗争要好得多。前面的行为，似乎也能让人免做坏事，保持清白，但是不能使一个人具有美德。

说到清白，它和善、美德的界限也很难划分，不易区分开来。与美德比起来，有时候，会发现，善和清白都有贬义的成分。在生活中，可能因为我们身体本身出了毛病，所以我们才不得不节欲，而节欲则是一种德行。当我们判断失误所以不得不选择承受时，坚定、不屈的德行也会出现。

所以，我们常常会看到有人本应受到惩罚，可偏偏受到了赞扬。原因是什么呢？就是因为德行被糊涂和愚蠢模仿了。这样，也就不足为奇了。

三月三十一日　美德是一种力量

和诸神一样死得其所是阿里斯迪普的愿望。这是他亲口告诉那些哀悼的人的。

美德是一个人性情中的一部分。它不是执意要令人痛苦的，也不是非要让一个人执行它所下达的命令的。美德是一个人灵魂的精髓所在，是一种自然而然的平常的行动。

在长期的哲学实践中，我们验证着哲学的教条。当教条遇上美好的天性，美德就会产生。美德可以消灭我们心中的恶念，让它们无处藏身。美德是一种强大的心灵力量，时刻准备扑灭恶念。

四
月
／

　　一颗心想要获得自由，必须摆脱对外物的依赖。心一旦自由了，就会表现得十分谦和。而只有谦和、自由的心具备学习的能力。学习对我们来说，是一件不同寻常的事情。获取知识的学习是容易的，无非是从已知进入已知。但是，那不是真正的学习。从已知进入未知的学习才是真正的。

辑一　存在

四月一日　大地是人类永恒的家园

　　山河、大地本是微尘，人是尘中之尘。大地是人类永恒的家园。人，在大地上栖居着，来自泥土，归于泥土。正因为人有来路和归宿，大地才是家园。若是我们用自己发明的一种装置断绝了与大地的联系，即使装置再豪华，再舒服，那也不是人类的家园。

人是万物之灵。在举目仰视之中，感宇宙之神奇，造物主之伟大。于是有了科学和信仰。但是，看看当世，有多少人被关在一个小的空间里，处理着各种各样的琐事，灵性全无。即使赚取了不尽的财富，又能如何呢？

当下，我们越来越不接地气了。我们用混凝土和建筑材料包围了自己，我们把自己封闭了起来。不管你走在哪里，只要有建筑，你就是不自由的。我们都在匆忙赶路，顾不上天空和鸟儿，更没有时间静下心来去思考。我们太在乎眼前，而把永恒和无限丢到了一边。

土地于我们来说，已经没有了痛苦和渴望，没有了悲壮和美丽。我们关注的只有我们自己了。

四月二日　亲近自然

天空和大地是人们精神健康成长的依赖。土地提供了精神的来源，天空指示了精神的目标。那么，土地和天空哪个最重要呢？物质基础决定上层建筑，所以，土地是更重要的。就人的来路看，每个人都不过是土地上所产的一种作物罢了。没有土地，我们就无所寄托。而天空呢？我把天空当作遥远的风景。我甚至会觉得，所有对风景的欣赏以及在沉思中想到的问题都只有回归到土地才能得到解决，否则都是形而上学的观点，都是不足取的。只有回归土地，才有一种亲密之感，在不言不语之中解决人们思考得来的问题。

人是大自然之子，这个观点没有错。可是，生活在这片土地上的人们，请问，你知道大自然的面貌吗？如果知道，你现在还能清晰地描绘出来吗？想到这里，不免感伤：在生命的历程中，因为远离了土地，我们都是一群孤儿，得不到母亲的关爱。行走在各处，城镇化在加速，城市的建设千篇一律，想看到不一样的风景已经成了一种奢侈。田野被高楼占据，村庄渐行渐远。

毁了我们这一代的美好没有什么，可怜的是我们的孩子。他们从一出生就被框住了，一道无形的墙把他们与自然隔断。在他们的记忆之中，只有高楼大厦、柏油马路和吐着毒气的汽车。关于自然和土地，他们压根儿就没有印象，更别提回忆。孩子们对自然的兴趣在现代化的过程中被消磨了。

不用怀疑，这一事实在不久的将来肯定产生不可估量的严重后果。万事万物只有扎牢根基才能健康、苗壮地生长。对于万物之灵的人类来说，也不例外。脚下不稳，我们很难走得更远、更好。只是人们以为自己很聪明，所以对土地装作视而不见。不过，总有一天，人们会为此付出沉重的代价。到那时，再清醒的话就为时已晚。人类精神的退化在远离土地的过程中是不可避免的。

这是一个追名逐利的时代，是一个娱乐至上的时代，还有多少人能静下来读一读史书，品一品诗歌，或者到自然中去感悟生命呢？

把自然还给孩子吧，让他们在自然中成长。因为他们是自然中的生命，理应亲近自然。

四月三日 接受命运的安排

别人都不可靠，还是靠自己吧。在每个人的心中，都承受着一根弦，这根弦随心而动。我们要学会接受造物主的安排。我们不必埋怨所处的时代以及种种关联的事物，学着去接受吧。要想变得伟大，就要向伟人不断地学习。纵观历史，无数的天才依赖那个时代，然后依靠心中的信念，用双手创造，成就了伟大。我们也应该像他们一样，接受命运的安排，不做懦夫，向着无边的黑暗挺进，做一个领导者，时代的参与者，勇敢地向前。

我们可以从生活中获得很多的启示，这些启示是大自然神奇的创造。在儿童身上，没有叛逆之心，没有不信任之心，没有驯服的眼神，只有完整的心灵。正因为如此，当我们看他们时，自己会觉得不安起来。

　　婴幼儿有自己独特的坚守，他不会向任何人屈服。看，一群人正在围着婴儿转来转去，哄他开心。这群人面对幼儿无可奈何，选择了顺从。对青年人来说，其实也是如此。他们身上的淘气和魅力，是上帝赋予的，也不容忽视。不过，青年人要想获得敬仰，前提是自立。别以为年轻人不和你说话就没有才干，自己主动去听听他们同龄人之间是如何交流的吧。从他们的交谈中，你会发现，我们所谓的长者在他们眼里远非你认为的那样重要。

四月四日　以终极的目光看世界

　　其实，人生在世，没有什么事情值得斤斤计较的，因为我们都生活在表象之中，计较本身并没有什么意义。

　　把眼光调到极致再去看这个世界，你会发现一切都显得那么渺小，那么微不足道。只是，在解决纷争的时候，不会那么轻而易举的。但是，这样的终极目光是不可少的。否则，人类就会偏离正确的方向，在错误的道路上越走越远。

　　有人做了一件不义之事，大可不必为此痛苦。就算有些难过，也不要持续太久。因为世人本来就是各种各样的，你无法改变别人，那就改变自己的思维方式吧。再者，你可以这样想，这只是巧合罢了，谁还不会遇到些不好的事情呢？这样一来，心境就自然而然地提升了，对社会和人性的认识也就会更加清晰了。再遇到此事，也就无所谓了。

四月五日　保持独立人格

人务必要保持自己人格的独立自主。每个人都有社会属性，所以我们的行为无法脱离社会本身，更不可避免地与他人产生关系。但是，我们要活在自己的生命里，不能一味攀附。如果人生是一片大海，你要在海上抛下自己的锚，这样才能把控自我。顺利之时，依附的事物是美好的，看不出根基的不稳定。可是，一旦事故出来，整个人就会手忙脚乱，不知所措，最后崩溃，甚至命丧黄泉。

我不喜欢隐退的哲学观，那是消极避世的做法，是对生命的浪费。我喜欢看人意气风发、激情十足地投身于自己的事业，喜欢看恋人在恋爱时如痴如醉……这样酣畅淋漓的生命体验，往往让我也兴奋不已。不过，不管处于哪个阶段，何种境地，我们都不能失去自我。在宇宙之中，我们要守住自己的精神世界，不让它受到侵犯。在每个人的精神世界里，我们是安全的。

人生的一切经历，都会被心灵收纳。并且，心灵只收不出。欢乐和痛苦统统都会被容纳其中。人应该有两个自我，一个自我勇敢地去奋斗，一个自我守在家中等着那个奋斗的自我归来。如此，生命才更有嚼头。

四月六日　保持距离

在生活中，该如何正确对待自己的经历呢？我认为有两种做法。一是把经历当作财富，不管是愉快的还是不愉快的，都去正视它；二是把经历当作认识人性的标本，超脱经历，站到更高的位置去看待它。只有这样，经历对我们来说才有价值。

琐事常常会支配我们，让我们活得不自由。在我们做这些事情之前，应该先想一想是否有必要做。若无必要，请大胆地放下，去做更有意义的事情。

每个人都要明白：和大自然相比，一切世俗功利都是渺小的。

我们的心情往往是由距离我们近的事情所支配的。所以，要想摆脱支配，就应该与事情拉开距离。那么，怎样拉开距离呢？寻找一个立足点。只有站在距离之外，我们才能看清事物，对事物有个明确的态度；如果这个立足点在人世之外，距离无限大的时候，我们的心态就会超脱。任何不愉快的事情就都无法影响到我们了。

很多时候，我们的大烦恼都是由小事情造成的。为什么呢？因为小事情离我们近。我们有过很多的大经历，但我们一无所知，也是距离太近的原因。因此，凡事拉开距离，便知孰轻孰重。

四月七日　自然万物都有存在的权利

精明的获得来自于人与人思想的碰撞，生命智慧的获得则需要人与自然交流。对人而言，生命智慧是最高层级的。

人类诞生以后，自认为是地球的主人，于是在这片土地上肆意破坏。当地球的生态环境被破坏之后，人们受到自然的惩罚。面对自然界的种种惩罚，人们不得不自我反省。

地球是我们的家园，不是我们的敌人，我们不能采取粗暴的方式对待它。否则，它会报复我们。我们应该从长远利益出发，看好地球这个家园，利用好地球上的各种资源。

然而，这还远远不够。试问：人真是地球的主人吗？其他生物呢？我们是否真的该享有特权？一位现代生态学家的话值得我们每一个人思考。他说：人类是绿色植物的客人。因此，扩展开来说，人应该是地球的客人。对主人的款待，应当懂得尊重和感谢，礼貌地对待主人。

世上没有无用的东西。这是从更宏大的角度说的，不是拿人作参照的。自然界的一切物体，都有存在的权利，这种权利是生来就有的。整个自然界，是一个系统的存在，每个环节都是重要的。人类作为万物之灵，不能把万物看作是为我所用的资源来满足自己的使用欲望，而应更好地善待它们。

四月八日　做自己的朋友

朋友是我们生活中不可缺少的，是生命中重要的交际对象，每个人都离不开。要说最忠实的朋友，其实是你自己。只有做好自己的朋友，我们才能走得更远，走得更好。因为这个朋友经历着我们所经历的，能够给我们的人生以最有用的指导和帮助。

一个人的精神坐标来自于坚实的自我，这个自我其实就是一个中心点。有了这个坐标，我们就能时时不会忘记回家的路。也就是说，我们可以把这个自我当作一个形影不离的好朋友，他能陪我们一起经历各种各样的遭遇，倾听我们内心的声音，共同承受和分担。

四月九日　活出自我

世界很大，诱惑很多。但是，和我们相关的人和事并没有那么多，属于我们的也是有限的。既然如此，我们就可以打开自己的心扉，敞开自己的心胸，迎接将要发生的一切。人生的魅力就在一切可能之中。不过，在这些可能之中，要找到适合自己的领域。不管一个人是怎样的，找到自己的兴趣所在是极其重要的。因为只有对自己感兴趣的事情，我们才能做到最好。这样，才能建立足够坚固的家园。家园坚固了，就能抗拒诱惑，承受压力，保持清醒的头脑。

生命只有一次，每个人的存在都是独一无二的。财富、名利都是身外之物，只要努力都可获得。但是，你的人生没人可以替你去经历。所以要利用好这有限的生命，活出自我。终有一天你会明白，人生的价值和意义在于你独特的人生领悟和建立在独特之上的光辉。

四月十日　认识自我

真兴趣和真信念是衡量一个人是否拥有"自我"的两个标志，这两个标志是最有说服力的。

有了真兴趣，一个人才能活得充实，才能全身心投入。只有全身心投入，才能找到一生所要坚守的事业。从而在自己的事业之中发现自我，实现自我，超越自我。

有了真信念，一个人才能有自己的主见，而不会被淹没在世俗的观点之中。只有坚持自己的信念，才能守住自我，守住心灵的家园。

既然生活在这个世界上，在我们对他人负责的同时，更要对自己负责。要想成为一个有责任心的人，就要在人生历程中不断磨砺，在磨砺中找到"自我"的存在。

人们常说，要认识你自己。所谓的认识自己，其实就是认识"自我"。认识了自我，我们就会知道哪些东西可以要，哪些东西不必要；哪些东西对自己有用，哪些东西无用。人生就会更有目标，也就少了很多的累赘。

四月十一日　坚守永恒的价值

当下的世界，物质财富十分丰富，各种商品琳琅满目。所以，我们称它为商品世界。一个人即使你有再大的能力，也必须在世界之中生存和发展，这是一个不用质疑的事实。不过，这个事实并不是全部的事实，我们不仅仅只生活在当下的世界之中。历史和宇宙同样是我们生活的一个世界。此外，自己独特的生命过程也是我们的世界。这样看来，对世界的理解就变得复杂很多。但只要我们坚守着永恒的人生价值，就能化复杂为简单。

象牙塔倒下，灵魂得到了解放。看到这种场景，我很高兴。但不是所有的象牙塔都倒下了，仍有若干在那里立着。我顿时明白：总有一些灵魂在坚守。于是，我对它们表达了深深的敬意。

不可否认的是，眼下的社会商潮涌动，各色人等纷纷加入从商大军。在竞争激烈、压力巨大的今天，这种做法虽不值得推崇，也没必要批判。若有一人还在坚守着那些高高在上的人生价值，最好不过。

当然，我们不是要说商业社会的不是，也不是要刻意地去批评。只是在大潮之中，我们仍要坚守一些永恒的东西，以应对时代的变化。

四月十二日　执着与人生

执着时时存在于这个世上。执着的心往往是痛苦的，所以很多时候我们需要一种不执着来化解。要想对抗执着，就要努力做到不执着，这个努力的过程之中，不执着也就成为了一种执着。在生活中，我们执着的东西很多，如家庭、观念、财富等等，常常我们不想执着的时候，就选择了不执着来对抗执着。一种自然状态的不执着是轻松愉悦的，刻意的话会比较痛苦。

我们找寻一种东西来对抗痛苦，结果却又陷入执着之中。所以，聪敏之人的聪慧之心不会努力培养不执着，而是顺其自然。什么是不执着呢？我们也不明白。但我们知道，不执着久了，心也就不执着了。

四月十三日　在人生中昂首阔步

人在旅途之中，视野会随时变化。有时向下看，有时向前看，有时向上看。对人的心理历程来说，也是一样的。角度不同，看到的世界就不一样，心境自然也是各有差异。

我们若是仔细观察，就会发现，埋头赶路的人总是忧心忡忡，似乎在抱怨这条路没有尽头。这些人往往没有自信，一旦遇上麻烦就会意志消沉，垂头丧气。

那些平视前方的人，往往都是中庸之辈，即高不成低不就。他们常常为一些小名小利纠缠不清。这些人缺少对别人的尊重，也不懂得自尊，终究也是一事无成。

而那些昂首阔步向前的旅人，都有着开阔的胸襟，广阔的视野。他们经历过狂风暴雨，走过坎坷泥泞，依然毫无怨气，继续倾一腔热血大步前行。

这样的人把别人当作自己来尊敬，自然受到别人的尊崇。

人是地球上最独特的生灵，因为他有思想，有灵感。能够不受时间、空间的束缚，在人世间自由行走。

对于每个人来说，既然活在世上，就应该昂首挺胸，而不应垂首低头；应该有远大的志向，而不应有凡俗念想。只有这样，我们才无愧于自己的人生，才能让自己的人生大放光彩。

四月十四日　执着于自我

我们越是执着，高尚的精神就不会存在。这和对某种东西的占有是一样的。在很多时候，我们为了逃离自己的空虚感，所以才选择自我沉溺，也就是所谓的执着。这种执着出现在不同的人身上，是一种自我欺骗的行为。自我的存在，与我们执着的东西密不可分。若是这些东西失去了，自我将无以证明。因为害怕自己成了"三不像"，我们在心中必然产生幻觉，容易执迷于某个结论，把它当作定律。这常常阻碍了智慧的发展，唯有放下才能看到事情的真相。如果心是不自由的，我们往往会把阴谋诡计当作智慧，用它去破坏自我。

执着徘徊在痛苦和不执着之间，用尽绝招来获得一种虚荣。只有识破这些诡计，智慧才会诞生。

四月十五日　天才没有孤独可言

在我看来，那些精神文化的创造者，只有根据自身生命的需要而进行创作，才能算得上是一个合格的文化人。这样的文化人或许是学者，或许是作家，或许是艺术家，我们称他为知识分子。他常常会产生困惑，困惑集中在精神文化领域。他的困惑源于他的执着，这种执着主要表现在生存的意义和人类精神生活上。因此，不管世事如何变化，他都会继续关注精神价值，继续把精神创造作为自己的事业。而他生命的意义就会在此中体现。与此同时，正是在这一过程中，他会感受到自己所应承担的历史责任。他从事着精神创造，并因此有着充实自足的精神世界，失落和伤感就会远离他。对精神文化的创造者来说，探索和创造与名利富贵无关，是出于他的本性使然，故而他只有收获，不会有失落。

天才和优秀的作品都来源于精神性的东西之中。不过，这种精神性的东西不是表面浮华的，而是真正的。它独立于时代，扎根于一种永恒的关系。永恒的关系存在于人类与大地之间，是深邃的、悠远的。

很难预料一个人是否能成为天才。即使是天才，也难以保证能创造出伟大的作品，但这都无关紧要。只要他不与永恒断绝关系，他就会是积极乐观的。在他的内心深处，孤独的精神旅程原本只是属于人类精神生活的一部分，而这部分并没有因为什么外界的因素而中断。因此，这足以证明任何力量都无法摧毁人类的精神生活，人类没有什么孤独可言的。

四月十六日　空虚之感

当一直陪伴我们的东西离去时，一种孤独之感就会及时到来。对于大部分人来说，一时很难承受这份孤独，逃离是他们的选择。因为害怕一个人的痛苦，所以很多人躲在了关系之中。在一个圈子里，我们谈着天文地理，文化艺术，偶尔听听音乐，读若干书籍。但这并不能阻止孤独感的到来，只是早晚的事情。

我们生活得忙忙碌碌，但是总觉得心中还有一些空洞。我们总是想着把洞填满，于是便开始依赖外物。我们试图用各种各样的办法去掩饰自己，掩饰空洞。但所做的一切都是没有任何作用和意义的。想要掩饰其实是荒谬的，唯有直接面对才是正确的做法。对我们来说，何必依赖？面对事实不是很好嘛？

不过，又有问题产生了。有的人因为不喜欢空虚的感觉，所以拼命地逃离。但是有的人则相反，他把自我同空虚分开来看，把它们看成两种不同的东西，所以就不存在空虚之感了。所以，自己想成为哪类人这其中需要大的智慧，需要思想的转变。

四月十七日　精神是永存的

人类之所以悲哀，是因为他曾经得到的东西失去了。就像一个失去王位的国王，悲哀是在所难免的。但是，从更深的层次理解的话，悲哀也是伟大的象征。因此，人类的精神史就是一部奋斗史，是一部为重新得到失去的东西的奋斗史，为了恢复往日的荣耀。但这份荣耀，只有灵魂高贵的人才能配得上，才能拥有。

到手的东西失去以后，在重新获得的道路上，命运其实是无法预测的。但不管怎样，精神一定要保持高尚，灵魂要保持高贵。不管是处在历史的哪个阶段，精神的高贵总是被一部分人延续着，被摆在高高在上的位置。因此，可以称他们为精神上的贵族。

在一个精神贬值的时代，还有哪些人能成为精神贵族呢？屈指可数。为了精神的富足，有人甘愿忍受物质上的清贫。在我看来，这很少的一部分人之所以这样做是为了忠诚于自己的精神信仰，而不是为了所谓的虚荣。

精神能够永存吗？其实不是的，因为万事万物都将逝去，精神也不例外。不过，人类孜孜不倦追求的精神在时间的长河里是不会消逝的。精神在时间的上面闪着光，生生不息。

因此，我们又可以说，一切事物终将逝去，唯有精神方能永存。这是不变的真理。

在这个物欲横流的世界，那些流浪的人会不停地、着急地问：谁能告诉我，精神的家园到底在哪里？我们还要流浪到何时？我微笑道：只要有人关注精神的命运，人类就有精神的家园，终有一天会找到。渴望遇上渴望，家就诞生了。

四月十八日　尽力保护自我

没有哪一个准则规定我们不应去努力维护自己不受侵害的权利。同样，天灾人祸的发生常常是不可避免的，我们也常常无能为力。为了使自己免受侵害，所有的手段只要是正当的，都是值得推崇的。每个人的内心都应有一个坚定的准则，这样可以承受不幸的发生。所以，从这个角度说，身体的敏捷，动作的发生，只要为了使自己免受攻击，都是可行的，也是被允许的。

四月十九日　坦然面对衰老和死亡

青春是张扬的，快乐的。但是，它也是残酷的。为了使自己的生命茁壮，每个人都在尽力地吸取养分，全然不顾他人的命运。甚至有时候，会夺取属于别人的营养。不过，即使这样，我们无法判断一个人的天性。善良与罪恶都与此无关。因此，年轻人不理解老人的沧桑之痛，少女不知道她所崇拜的人也会苦恼。人，本能地陷入了隔阂。

确实，生命本身不喜欢衰老和死亡，是冷酷无情的。当我们健在时，会对别人的衰老和死亡表示一时的同情，但只是一时的。过后，我们依然沿着生命的轨迹前行。所以，当我们老的时候，孤独是不可避免的，我们要把它看成是宿命。这样一来，在面对年轻人的快乐的激情时，我们就会心安理得了。

四月二十日　执着是一种局限

每个人心中都有局限，当我们用心观察时就能察觉到这一点，并且在认识的时候是通过比较的。局限并不是头脑中的抽象，需要用心感知冲突。这种冲突来自于外界的挑战和内心的反应的无法调和，冲突就成了局限的产物。当谈论局限时，其实说的就是执着，对各种事物和观念的执着。反过来说，如果执着不存在，局限又会在哪里呢？既然如此，世间的人们，为何又偏偏要执着呢？对自己国家的认同和自我的认同，都会让自己觉得自己是重要的。我们有个错误的观点，把家中摆放的一切理所当然地认为是自己的。这些对象，成了执着的工具，我们借此来寻求逃避。然后，心中的局限又在我们逃避时被无声无息地强化了。

四月二十一日　恐惧死亡

睡眠是一件自然而然的十分容易的事情，就躺在那里一动不动就可以。而在这个过程中，我们会忘却光明，忘却自我。不过，我们并不会因此而失去什么。

睡眠到底有什么作用？它使我们感觉失灵，甚至陷入混沌的境地，是与常理不相符合的。但是，有一个事实不容忽视：我们的命运掌握在大自然手里，生死都由它来决定，正如睡眠一样。同时，通过睡眠，大自然还告诉我们每个人生命结束之后的状态：永恒地沉睡下去。因此，当我们了解这一切，就不会对终将到来的死亡表示担忧。

那些在意外事故中昏迷不醒的人其实更接近死亡的真实面目，因为他们没有什么知觉，所以体会不到痛苦和悲伤，更不会害怕什么。我们无法感受的东西，自然形不成对它的感觉。死亡是瞬间的事情，而感觉则是相对较长时间的事情。因此，对于死亡，我们根本感受不到，因为它实在太快了。我们只能接近死亡，而接近死亡让每个人感到害怕，于是想着远离。

一件事情，可能现实中并没有那么严重，往往是我们在想象中把它放大了。在人的一生中，我们的身体在大部分时间里都是健康的，强壮的，灵敏的。所以，我们常常活力四射。但是，正因为如此，一旦生病，我们就会变得更加恐惧。当病好以后，我们回头再想，才发现恐惧远远要胜于疾病本身。

四月二十二日　痛苦可以束缚灵魂

　　灵魂是自由的。但是，当一个人的痛苦达到极致的时候，就会产生巨大的力量。这种力量可以把灵魂震动，束缚其自由。正因为如此，我们才会在突发的事情面前表现得不知所措。看着发生的事情，虽有心，但无力。于是，我们不停地哭泣，而在哭泣之中，灵魂才会获得自由，才会远离我们的身体。所以，可以说，痛苦在哀号的请求之下，大发慈悲，为灵魂让了道，它才得以解脱。

四月二十三日　贬低自己的人是愚蠢的

　　一个人越是软弱，越是胆怯，往往越会贬低自己。美德是伪造不来的，真相也是公平的。与夸夸其谈相比，自大的人往往是愚蠢的。安于现状、过分自恋、自以为是都是愚蠢的。愚蠢的人是有病的人，要想消除这种病，要从思想上入手。一个人的骄傲是藏在思想之中的，并不是通过语言来体现的。对这样的人来说，不管别人怎么做，他们都认为是肤浅的。他人的自恋、自爱都成为这些人表面的认识。他们把自己摆在靠后的位置，对自己不用心，不通过努力充实自己的思想，丰富自己的灵魂，培养自己的性格。他们觉得，自己是与自己无关的东西，不值得关注，更不值得一提。

四月二十四日　学会蔑视自我

千万不要自高自大看不起别人。当你有这种想法的时候，去看看历史上和当下那些真正伟大的人物吧。与他们相比，你有什么可骄傲的呢？当你觉得自己的勇气足够强大的时候，你比得上把军队和百姓远远抛在后面的两位西庇翁吗？所以，在认识自我的时候，要看到自我的不足，这样才不会因为一个小小的优点而骄傲起来。反正，到生命尽头的时候，一切都会离我们而去，何必骄傲？

要想认识自我，就要学会蔑视自我。在历史上，这样的典型人物只有苏格拉底一个人，只有他领会到了神的旨意。因此，他是真正的智者。我们即使做不到像他那样，但也可以向他学习，不断地提升自我。

四月二十五日　从容的死是壮丽的

生和死在本质上是没有什么区别的。我们活着的时候是一个人，死了之后还是那个人。有的活得伟大，死得光荣，这种人值得敬佩。有的人活得窝囊，死得壮烈，这种人没什么可值得佩服。他的壮烈，其实和鸿毛一样，没什么分量可言。

那么，从容的死呢？具有哲学思想的苏格拉底在经受苦难之后，仍然不畏惧死亡，面对死亡表现得十分淡定。这种淡定的力量来自灵魂深处，是一种内在的顽强的美德。从苏格拉底的著作和他面对死亡的态度可以看出，他的内心深处，有着一种愉悦感的存在。在镣铐除去的那一刻，他觉得十分轻松。因为终于可以摆脱苦难，认识新事物了。苏格拉底虽然死了，但他的死并不让人觉得揪心和悲惨，而是更加的壮丽光辉。

四月二十六日　不畏惧死亡

每天安静的时候，我常常有这样一种感觉：独自一个人待在屋里，外面却下着大雨，我是不是真的暖和安全呢？其实未必是的。我甚至有时会黯然神伤，为那些因为大雨而滞留在路上的人们感到难过。我多么希望能和他们站在一起，共同承受这大雨滂沱。

我无法忍受长期被关在屋子里，若是久了，我会觉得自己变得异常的羸弱，内心无比的躁动不安，健康状况就会出问题。每当这时，我就会特别同情那些生病的人，甚至我会对比：原来在我健康的时候会更加同情他们。我把病人的本质和事实都在想象之中放大了。

面对死亡，我最大的愿望就是顺其自然，我不希望外界为了阻止这件事情的发生而给我多少帮助，毕竟，它早晚会来，你我都不能与之抗衡。在死亡面前，人类没有什么优势可言。

四月二十七日　解救受苦的灵魂

人在临死前是什么状态呢？在我看来，大抵是这样的：对自己忍受的痛苦表示同情，不安的灵魂在各种思想之中纠缠不止。其实，我觉得这些都是没有必要的，也是无道理的。在临死的问题上，我与大部分人的思想是相悖的。那些将死之人，他们承受着病痛的折磨，发出的呻吟，发出的叹息，无不表明他们还有知觉。但是，他们的行为却说明，他们的灵魂和肉体其实早已麻木，在某种意义上已经被埋葬。

在生活中，可能很多人都亲眼见过有人说病就病，突然就倒了下来。他们痛苦着、说着胡话、面无表情、肢体僵硬。他们不停地挣扎，然后在挣扎中体力殆尽。

是啊，这突如其来的病魔，让我们身心俱惫，而我们灵魂的力量已不足以让自我清醒镇定。而对病人来讲，他们的判断力已消失，已经再无力感受周围的一切。环境的好坏对他们来说没有了意义。所以，我们的同情对他们来说也是丝毫无用的。

还有什么比这更可怕呢？受苦的灵魂找不到来表达自我的任何方式，这是多么悲哀的事情啊！既然如此，不妨选择沉默，以坚定和庄重的面容坦然面对世间的一切。悲惨的命运到处都存在着，那些受尽折磨的肉体，那些被关押在地狱里的灵魂，该怎样讲出自己内心的想法呢？他们的悲惨境遇又该向谁诉说呢？

一些人正在死亡线上挣扎着，何以解救这些受苦的人们呢？只有天神可以做到。天神在哪里呢？问问想象力丰富的诗人吧。

四月二十八日　认识本质的自我

每个人都有罪，所以我们在忏悔的时候虽然表面上只讲了罪恶，但其实是讲了全部。的确，我们经常做一些让自己后悔的事情。我所做的一切，归根到底是为了享受生活。因此，对待万事万物，我有自己的判断和看法，我的言论是根据我的经验而发出的，请你不要以任何理由来阻止我。建筑师对建筑有自己的设计和构思，局外人不应对其指指点点。对每个人来说，行胜于言，拿出行动证明自己远比在一旁侃侃而谈要有说服力得多。

思想有时不能通过行动表现出来，这时我们再选择语言也来得及。不过，那些智慧的人往往回避行动，而用语言来证明自我。因为行动往往跟命运相关，而非与我相关。这种证明并没有十足的把握，只是推测，不如把自己摆在那里直观：身体的各个部位以及各种动作都呈现出来。

我的本质被我写了出来。无论好坏，我都要谨慎认真。如果我是善良的，我就会褒扬自我，如果否，也不会假装谦虚地去贬低自我，因为那是愚蠢的行为。

四月二十九日　以行动对抗动作

当人处于半死状态中的时候，会在潜意识之中想要有所行动。

人倒下去的时候，双臂是自然伸向倒下去的方向的。这样有利于做出一些不受我们的主观意志所控制的动作。战场上被砍中的敌人，会不停地蠕动。当那一瞬间，他们的大脑还没有接收到疼痛的信息。

我们的很多行为是自然而然做出的。胃痛的时候，我们就会本能地揉动胃部。这种自然就像挠痒一样。除了人之外，自然界的许多动物在死之后，还会出现不同程度的动弹。因此，我们的身体在做出动作前，是不由自主的，不需要经过大脑深思熟虑的。但是，我们可以说，这些动作并不是我们做的，它们只是看起来与我们相关而已。就像我们在梦中感到身体疼痛，其实那不是我们真正的感觉。那么，什么样的动作才是真正的呢？只有我们全身心投入时做出的动作才是。

四月三十日　平和之中的愉悦

　　模糊不清的思想是视觉和听觉的产物，而非是在头脑中产生的。在思想模糊的时候，我失去了判断力，不知道自己来自何方，去向何处。对于别人提出的问题，我往往也会视而不见。这模糊不清的思想，仅仅只是身体器官的微弱反应，是一种长期的惯性所致。头脑处于梦境之中，感官只有薄薄的印象。而每当此时，我整个人就变得非常平和：有虚弱之感、无力之感，却无疼痛之感可言，甚至有些茫然。我走到家门口，却不敢确定那就是家。一路上我被人折腾来折腾去，只有躺下的时候，我才感觉到难得惬意和温暖。他们觉得我病了，想喂我药，去遭到了我的拒绝，我只知道我的头部确实受伤了，但并不需要治疗。我实话实说，死亡在这时显得非常美好。至于为什么，我懒得，也无力推理。我的身体越来越弱。在流逝的时光中，我是那么的愉悦和顺畅，是那么的开心和快乐。

　　不过，等我恢复元气的时候，我顿时觉得很疼痛。接着，我开始难过起来，心情糟糕到了极点。我想到了这次意外的事故，开始思考自己从哪里来，去了哪里。这种思考让我难受。我究竟是怎么受伤的呢？周围的人开始为我编造各种各样的故事来安抚我，劝慰我。但是，我的记忆最后还是彻底恢复过来了，我又开始回忆起了那天的情形：一匹马朝我冲撞过来，然后我觉得我已经死了。不过，我突然害怕起来，这种害怕让我突然感到很振奋。

　　只是一念之间，我从另外的世界走了出来，整个人回到了原来的清醒状态。

夏

/

放下心来生存

/

燥热似乎是夏的代名词，
但不应该成为我们的一种心态。
越是浮躁的时候，我们越需要努力地把自己的心放下，
在炎热之中寻找一丝清凉。
人生的智慧，
正是从内心对外界做出的各种各样的反应中获得的。
只有承受住外界的种种磨难，我们才能有所收获。

五
月

／

　　热情源于人的内心，与一个人的人生观、价值观密不可分，它体现了人
在生活中的态度和兴趣。有了热情的存在，才有欲望和追求，才有对爱情的
孜孜渴望。不过，当热情转化为执着之时，我们就要对其保持警惕，学会取
舍，否则过于热情的执着则会毁灭一个人。

辑一　热情

五月一日　学会承受生命中的痛苦和快乐

　　生命对每个人来说只有一次。虽然时空无限，但生命不可重来。这是个
不容置疑的最简单的事实。对我们来说，最基本的价值就是生命。生命的产
生是神奇的，也是特定的。这个特殊的个体，融合了所有可能的因素。对其
他价值来说，生命是前提，其他一切价值的存在都建立在生命的基础之上。

因此，生命是世间最珍贵的东西。我们不但要爱惜自己的生命，也要关爱他人的生命，因为每个人的生命都是平等的。

只有懂得热爱生命，我们才能获得幸福；只有懂得同情生命，我们的道德素养才能提高；只有懂得敬畏生命，我们才能在生命之中产生信仰。

很多人都曾问过人生的意义是什么，其实，人生的意义在不同层次上的表现不同。从世俗到社会再到超越，各个层次的人生意义分别是幸福、道德和信仰，这与我们对待生命的态度是一脉相承的。

东西方哲学在人生意义上的阐述是不同的。西方哲学教我们及时享乐，东方哲学则教我们摆脱苦乐。我们无法断言二者的对与错，其实根本无对错之分。对于我们来说，如果你热爱生活，就要承受生活中的苦与乐。痛苦或快乐都是生活中不可缺少的一部分。

五月二日　真进取和真超脱

人生的很多事情是我们无法预料也无法选择的。这些事情陪伴我们走过每一个阶段，影响着我们在每一个阶段的心情。我们很容易产生一个错误的认识，那就是把当下正在发生的事情看得特别重要。但是，当这个事情过后，我们再回过头看的时候，却发现不过如此而已。纵观整个人生，对我们来说，重要的事情屈指可数。正是这些为数不多的事情决定着我们走向的大问题。比起来，那些小的事情不过是过眼烟云，微不足道。

研究中国文人时会发现他们的特点：徘徊在出处之间。得意时，以功名为毕生所追求；失意时，以归隐山田为退路。其实，人生也无非是在得失之间、进取与超脱之间寻求一种平衡。不过，值得注意的是，一味地追求功名利禄算不得是真正的进取；失意之时一味地归隐，也不是真正的超脱。要弄清真进取和真超脱的含义，是需要下大功夫的，需要大智慧和大信仰的。

只是，在时间的长河里，进取和退隐都会被岁月慢慢地埋葬。

五月三日　理想和信念是燃烧的火种

真正的人生，需要彻底地、壮丽地燃烧一次，不然就愧对生命。

太阳是自然界最崇高的物体。为了给万物提供生长需要的阳光，她一直不停地燃烧着自己。这种燃烧自我的精神，让她获得光荣与伟大。在我们身边，自我燃烧的例子还有煤。沉睡了数不尽的岁月，一旦投入熔炉，就奉献出团团烈火。它同样值得尊重。但是，要想燃烧，火种是必需的。火种是什么？火种是理想和信念。

还记得阿基米德吗？为了给后人留下一个几何定理，他从容不迫地请求罗马士兵延迟砍他的头的时间。可惜，残暴的士兵并不领情，一刀结束了阿基米德的生命。对阿基米德来说，他燃烧了，火种就是理想和信念。

五月四日　有你的日子

人生如白驹过隙，匆匆一晃，十几年的时光就这样流去了。

黄昏的时候，下起了暴雨。我独自坐在屋里发着呆。莫名地，在我心里，看到一个青春张扬、活力四射的你。你的秀发散发着清香，让我陶醉。我尽情地呼唤你，而你却不曾回头望我一眼。我只好把你埋在记忆里，印在心底。

生活一直在向前流动着，里面充斥的有善恶是非、成就挫折。但我对生活的憧憬和向往一直没有改变过。我虽然离开了你，成为了异乡人，但我仍是你最熟悉的那个人。

我多么渴望现在你就坐在我身边，一起诉说衷肠。多久了，不曾有你的消息。多久了，我的眼睛一次次因为你而迷离。我看到远方咆哮的海浪，还有那只叫得很怪的老鹰，那茂密的树林，在不停地摇摆着，晃动着，是那么的可怕。

多年前，我们惺惺相惜，心有灵犀。我们一起分享喜悦，承担忧伤。那时，有你在，真好。

五月五日　年龄是个空洞的概念

往事由不得回忆，越回忆越远离事情的本来面目。

不过，在回忆往事的时候，我们会对事情产生新的认知，从中获得一种全新的意义。为什么呢？这就是伟大的时间在作祟。

经历之所以美好，是因为它只发生那么一次，具有不可替代性和循环性。所以，正因为如此，它可以在记忆里活下来。

不知道你是否有如此的经历：明明活了很久，却觉得生活刚刚开始；有时候觉得想得太多，而有时候竟然什么都想不起来……这是种矛盾，这种矛盾时时处处出现在生命之中，直到死亡为止。我们在记忆中体悟时间，但无法从记忆中把时间的刻度找出来。

生命是有年轮的，但年轮的增长是我们无法看到的。我们不知道该怎样计算年龄，所谓的年龄只是我们听说别人以这种计算方式来计算得出的，谁又知道它的真实性呢？

一个人无法根据头脑里的记忆来推算自己的年龄，因为这是不可行的。有的人虽然在世上存在了很久，但形成的记忆很少；有的人看着外表稚嫩，但记忆丰富。这样说来，按年龄判断一个人是可笑的。即使你比我多活几十年，但是你的记忆十分匮乏，多活的那些岁月是毫无意义的。那些多活的时间只是一个空洞的概念罢了，对人生而言是不足道的。

五月六日　珍爱生命

生命究竟来自哪里？到底是进化还是上帝创造？自从生命诞生以来，人类就不停地追问。其实，大可不必，把生命当作奇迹，用心感受就好。在欣赏大自然中丰富心胸，在善待生命中与万物亲近。用一颗敬畏之心敬畏生命，敬畏周围的一切，敬畏万能的造物主。

没有生命，我们就没有一切。所以，生命是最值得珍爱的，是不容忽视的。可是，人们一方面知道珍爱生命，另一方面却又在损害生命。例如，生活中的许多不良行为习惯都在消耗着生命。生命本身有其价值所在，忙碌的人们常常忘了去审视。不要等到生命受到威胁时才看到生命的价值，才明白生命的重要性。到那时，一切都来不及了。

五月七日　把执着的热情解脱

有热情就会有执着的产生。一种热情，若是没有任何理由，能把所有的执着都消解。很多时候，有了执着，痛苦随之而来。大部分的人都执着于某一样东西，这种东西是国家、信仰等。不过，若最后我们执着的东西没有那么重要，我们就会因此空虚寂寞。接着，就把注意力转移到别的东西上，继续执着。

什么是爱，爱包含哪些内容？爱是占有，是奉承，或者嫉妒？其实都不是。当我们困惑的时候，爱能把困惑转化。人类的快乐，不是因为体系和理论的存在而带来的。爱能把占有和嫉妒赶走，留下同情和怜悯。爱是美好的象征，和各种理论无关。

人生之美，离不开热情。这美不是绘画，也不是女人，更不是其他人为创造出来的美。这种美在思想和感觉之上。这种美，需要一种热情的心才能领会到。在解读"热情"之时，不要把它当作是丑陋的；热情不是买来的，更不是想象的，因为它无关情绪和感觉。热情好像一把火，但我们却怕它把自己喜欢的东西烧毁掉。

五月八日　热情永不满足

有热情的人，感受力也往往是敏锐的。所以，对于"热情"要欣然接受。不过，很多宗教及相关的教义让我们停止心中的"热情"。但是，没有热情，我们怎能感受周围的善恶美丑呢？自我的舍弃，也需要热情。但热情不应该是羡慕和嫉妒，而应该是爱的动力。在爱的国度，自我感觉会消失，我们说不出事物的好坏，也不会去谴责什么。爱与矛盾无关，也不会与矛盾一起存在。

因此，热情是每个人必需的。我们要做的是把这份热情唤醒。当然，这类所说的热情与性冲动无关，而是把热情赋予一切事物。相信很多人对性抱有热情，至于其他的热情，却因生活中的种种被消磨掉了。因为其他的热情消失了，所以性的重要性便体现出来了。我们沉浸在性之中，道德就会出问题。当性成为了一种常态，热情就没有存在的空间了。这里的热情是完整的，有热情的人不会对取得的一点成绩而沾沾自喜的，他的心总是充满渴望，充满对事物的好奇，他会时刻准备着去探索、去追求，他永不满足。

五月九日　理由与热情

人之所以痛苦，是因为执着于不对的东西。而执着来源于一种有理由的热情。基本上所有的人都有执着，虽然执着的对象不同。但是，一旦没有执着，一种空虚感就会到来，于是我们拼命地找某种东西填补。察人可以观己，观己还需要自查。只有专心致志地查看自己的内心，才能把一件事情看透，才会不急于解决痛苦，而是了解导致痛苦的真正原因：热情。

有理由的热情是欲望诞生的主要因素。热情常常与自己的对象产生冲突，导致矛盾产生。这时，你要么想把某种状态保持下来，要么把失去的东西捡回来。但热情不是一种必然的结果，与矛盾的助长并没有必然的关系。

人的一生，大部分时间都是在矛盾中度过。矛盾存在，冲突就会相随，我们就会想尽办法克服冲突。在创作家眼里，冲突是他们创作的源泉，激发着他们的能量，从而孕育出作品。也就是说冲突可以调动一个人的创造力。只是，这种创造力与真正的创造力还是有很大的差距的。

真正有热情的人其实并不多。欲望或者逃避能带给我们能量，但却不能消除痛苦。想要了解痛苦、摆脱痛苦，只有唤醒热情。热情是一种能力，需要聚精会神。不过，热情之火会很容易熄灭，要想抚平创伤，就要充分调动热情。

五月十日　狭小的心难以产生热情

实相不是在市场上出卖的，也不是能用任何东西证明的。我们即使用尽手段，也无法去获得实相，即使获得，也未必是实相。你用的手段就是你要收获的结果，但其实它们在本质上是相同的。我们常提的禁欲主义在根本上否定了实相。

问题是：一个人对性的想法和期待到底是为什么呢？仅仅是为了更多的感受？没有爱，就没有贞洁，对性的渴望就成了一种淫念，贞洁就成了欲望。越想变贞洁，贞洁越远离。有了爱，贞洁便不再是一个问题。人生的真正目的就是活在充满爱的世界里，这个世界是全新的。

心中有热情，就会学无止境，就能把传统的东西抛到一边。但是，一颗狭小的心是难以产生热情的。即使产生了热情，也把所有的事情变得那么渺小。所以，狭小的心要认清自己，保持淡定，才会有热情的产生。一颗心若受到了种种限制，再心潮澎湃，仍脱离不了渺小。就算在科技发达的今天，也无法挣脱。一颗狭小的心，说出了有热情的话，这份热情跟着也渺小了。若想改变渺小，这颗心就要学着洞察一切，来改观自我。

辑二 欲望

五月十一日　懂得取舍，学会取舍

人生有舍有得，不能只取不舍，这是再正常不过的事情了。

很多时候，我们努力了，但还没有办法得到某件东西，那我们就可以选择放弃，这种放弃不是无能，而是一种豁达。如果坚持不放弃，就会陷入偏执的境地，最后受伤害的还是自己。因此，因时因地做到舍得，是一种洒脱，一种境界。

取得需要智慧和勇气，割舍则需要更大的智慧和勇气。在生活中，很多人会遇到苦恼，苦恼的根源在于对取舍的犹豫不决，从而导致患得患失。

舍有两种形态：有形和无形。为了实现某个物质的愿望，你所付出的东西就是有形的舍。为了获取某种成功，你要舍去更多的个人时间，这就是无形的舍。可惜，人们常常在取舍之间摇摆不定。

在一个人不断追求的过程中，成功与荣誉的取舍是最大的取舍。追求如爬山，需要克服重重苦难，但勇气支撑你继续往上爬，这个过程是取。而当你爬到山顶，获得荣誉之后，你依然选择身退，这就是舍。与取相比，舍需要更大的气量。

尽力而为去取，适时而退为舍，这才是人生应该有的正确态度。

五月十二日　做生活中的强者

人生不如意事常八九。打击、失败、痛苦、烦恼如影随形，时刻存在于你的周围。想要摆脱，实属困难。而正是这些不如意，人世间才有了对立的两面，如勤和懒、廉和贪、勇敢和懦弱等。这些对立的词来源于我们对待困难的态度。

我们要学会做生活中的强者。想要成为一个真正的强者，必须从精神上强大起来。坚忍不拔、坚持不懈、威武不屈都是强者身上应有的名词。世间所有的困难，几乎都可以被人类克服。在面对困难之时，只需要告诉自己再坚持一下，再努力一下。柳暗花明又一村，克服了眼前的困难之后，你就会进入一个光明的境地。而自己也会在与困难斗争的过程中强大起来，勇敢起来。

我相信每个人都有无限的能力，在每个人的内心都有一个小宇宙。当本身的体力不足以支撑我们的时候，信念和意志会激发我们，为我们增添新的体力。所以，要相信自我，坚持不懈，这样才能实现自己的目标。

真正的强者不会默默承受苦难，他会积极与苦难斗争。那些不思进取、自我安慰的人往往是意志薄弱的人，他们成不了强者。甚至可以把一个强者变成弱者。而弱者只有被众人同情的份儿。无理想、胆怯和懦弱就会成为他们身上的标签。

强者拼尽全力为实现自己的目标而努力，他们不畏惧困难，不怕跌倒，可以为了自己目标的实现付出汗水和血水，他们的人生才是真正的人生，这样的人生才有意义。所以，我们对强者表示赞美，希望得到他们的认同，渴望与强者为伍。

五月十三日　欲望是一场梦

　　人生纷纷扰扰，琐事不断。可都是些身外之事。世俗的苦恼太多，就看不到人生的大苦恼；日常的限制太多，就看不到人生的大限制。有时，我也会困惑于这些思考，不知道该是庆幸还是可怜。于是，抽身事外，我与自己的遭遇保持一定的距离，这样才能看清自我。管它人生是否如梦，何不就梦它一场？

　　对待生命，我们有很多不舍。但是，不妨学着准备好行李，随时与它告别。生命就算再深刻，再浑厚，也有其限度。在悲观之上执着，也是一种超脱。就算超脱不了，也不会把我们带入贪婪的境地。

　　岁月无穷尽，人世有千秋。一切只不过是过眼云烟，功劳和伟业都会被时间无情地抹杀。如此，何不把红尘看破，做一名心胸开阔的豪杰？

五月十四日　人生离不开爱

　　人类自从有了阶级和阶层以来，自我膨胀的机会越来越多。对兄弟之爱的渴望，在一个追求卓越的人身上是看不出来的。很多人对头衔不屑一顾，但却依然世俗地追逐着。没有爱，就无法发展出爱。只有明白了自己缺少爱，才能把爱从别处转化而来。我们挖空心思地把人分成三六九等，给人加上各种各样的标签，实际上是对爱的否定。我们在对别人实施剥削的时候，实际上也在剥削着自己，因为我们会陷入一个误区，不停地寻找这种快感。为了心安理得，我们往往把自己与真相相隔离。在隔离区中，没人有能帮到你，因为这是你自己为自己设定的。

因此，自我认识很重要，只有如此，我们才会透彻内心的欲望，才能携着爱前行。

五月十五日　动物的欲望

中国的文化博大精深，语言作为文化的一部分，自然也是值得琢磨。在以言为部首的汉字里面，很多都耐人寻味，而中国人向来也是知道语言的厉害。甚至有时候，语言和一个民族，一个人的命运有着很大的关系。有了语言，人类的生存方式就被语言预定了。语言成了人类区别于动物的属性之一。

动物之所以说是相对单纯的，就是因为它们不会说话。要是世界上的飞禽走兽都开口讲话了，这个社会就变得更乱了。动物也就变得和人类一样不再单纯，也会尔虞我诈、溜须拍马、造谣侮辱等等。

社会舆论往往对新事物的发现者和新信仰的建立者采取否定的态度。他们会把一个独善其身的人说成疯子，把兼济天下的人说成妖孽。这就说明了这样一个道理：当一个人行动的时候，众人会觉得你的行为有正确性。而当你想把自己的思想普及的时候，众人就会不自觉地对你产生一种偏见，而不管你的思想和行为是否正确，都一概地予以否定。这就是我们说的人类的常识具有双重性。二者在一定条件下是可以转化的。

五月十六日　心中的渴望

执着往往带来痛苦，所以我们一直想变得不执着。执着也能让人满足，当一种执着给我们带来痛苦的时候，我们便会在不执着中找满足。只要我们有着这样的想法，不执着在一定意义上就成了执着。归根到底，满足才是我们追求的目的所在。

执着是为了获得快乐，不执着也是为了获得快乐。矛盾吗？不。但不管执着还是不执着，里面都有冲突和矛盾。因此，我们必须了解不执着的过程，认识这一过程，不然就会陷入困惑之中。一个人的渴望不可能得到满足，因为它是个填不满的无底洞。不论这个渴望层次如何，它终究还是渴望。即使我们把眼前的一切都毁了，渴望依然存在着。就像燃烧的一把火，烧个不停，直到事物露出自己的原型。所以，我们应该转化自己的心态，不因执着或不执着而限制了自我。

五月十七日　渴求与欲望

世界上，一个不渴求的人是不存在的，渴求是存在的。但因为每个人兴趣不同，渴求也就不同。当现实与自己以往的兴趣产生冲突时，那些能把自己和自己的渴求分开的人就出现了。一个企图从自己内心的恐惧感、空虚中逃出来的人，其实跟他想要逃脱的东西是一样的。其实他这样做是徒劳的，一个人要逃离自己是不可能的。因此，了解自己的恐惧和空虚是必须的。一旦这些东西和自己分离，他就会产生幻觉，陷入其中，甚至陷入没有尽头的冲突之中。要想解脱，就要学会体验孤独。人类的记忆反应产生了概念这个词语，而概念与恐惧是密不可分的。思想可以从经验中产生，它虽然可以分析空虚，但却只能是间接的。一个人在空虚的时候，常常会回忆起痛苦或恐惧的时刻，并阻止了我们去感知那份空虚。空虚是一种名相，名相可以看成一种记忆，只有名相不那么重要时，经验者和其载体——人的关系才截然不同。它们之间形成的这种新的关系是直接的，明显地，为我们逃出恐惧指明了一条道路。

五月十八日　了解欲望

　　想要了解心中活跃、急切的欲望不是一件容易的事情。这是因为在我们想要满足自己欲望的过程中，快乐和痛苦都存在于变得愈发强烈的激情中。欲望本无好坏之分，也不应该肯定或否定。只有把对欲望的主观意识放到一边，才能真正看清欲望，了解欲望的本来面目。

　　对于我们的生活被欲望影响的原因，我们必须弄得一清二楚才行，必须分清一件事情的好与坏。有欲望，说明一个人是正常的；否则，我们就不可能存在于世间了。只不过，在追求想要的东西时，痛苦不可避免。看到一个美女，我们却要说她不美，是不是有点自欺欺人的味道？是不是觉得很荒唐？是什么东西延续着自己的快感呢？很显然是对这件事本身的想象。当我们一直想着某件事情的时候，真实的经验就和我们没有了关系，我们脑海里有的只是各种各样的意念或者自己构想的画面而已。

　　人的思想总是告诉我们怎样才能快乐，什么才是重要的和必要的。然而，欲望其实可以停下来的。只要我们的念头不去干预它，就可以拥有欲望，欣赏欲望。

五月十九日　感知欲望

假如只是单纯地感知欲望，而不在好坏上去评判欲望的话，会怎么样、会发生什么呢？我们还能否懂得觉知的意思？在人类社会中，真正有在觉知的人很少很少。因为对于大部分人来说，批判和认同已经是一种生活习惯，我们不愿在冲突之中抉择。当我们走进一个房间，不可能不用自己的察觉对房间里的一切做出判断。在生活中，如果你试着不带任何主观色彩去观察周围的人和物时，会是什么样的呢？

如果我们用同样的态度去对待欲望，不美化也不丑化欲望，不对欲望定名，也不试图掩饰，我们的内心还会躁动不安吗？我们之所以常常想着去摧毁欲望，是因为欲望给我们带来了冲突和不幸。在了解、察觉了欲望的本质之后，你还想着去逃避吗？当然，这里所说的欲望是特定的，而不是随意的。

五月二十日　再说欲望

当欲望自相矛盾的时候，我们常常感到备受折磨，并会觉得心神不宁。一种掌控一切的渴望在我们的内心涌动，里面充斥着不安和躁动。在不断斗争的过程中，欲望会被我们扭成不同的形态。不管我们是逃避还是接纳，欲望都在那里存在着。一些精神领域的大师对我们说，人要学会不执着，跳出欲望，从而抛弃欲望。但是，这种说法是极其错误的。那么，正确的做法是什么呢？了解欲望，而非逃离或摧毁。欲望没了，生命本身也会随之被毁掉。生命本身有着一种美，只要你不去压抑欲望，这种美就能不断地呈现出来。

五月二十一日　美丽的灵魂

物质和灵魂的交流不能过多，否则，物质会把灵魂变得低俗。而这时，肉体就成了灵魂用于满足需求的领地。但是，美在肉体上永远无法获得，所以灵魂将满足寄托在肉体上就成了一种悲哀。灵魂只有接受美的要求，超越肉体，才能体现出人格所在。

恋人们要想迈入美的殿堂，必须学会在言行中相互关照。只有这样，爱情之火才会燃烧起来，才会让爱情脱离低级趣味，从而把爱情变得神圣、纯洁。高尚和卓越是可以通过热恋中的人们来传播的。他们越是理解高尚的事物，就越会把这种高尚推及开来，让更多的人去感受，去践行。

只有美丽的灵魂才能组成美好的社会。在这样的社会里，我们才能看清世俗的污迹，才能将它们一一指出。不同的是，恋人们并不痛恨那些指出自身问题的对方，而是相互鼓励和支持，共同追求美的品质。就这样，一步一步，他们的爱情就变得更加神圣，更加完美，灵魂在爱情与智慧的引领之下，也变得圣洁。

五月二十二日　妇女是美好文明的创造者

当下，仍是一个男权社会，文明被男人控制，为男人服务。妇女在这个社会中的地位远非所宣传的那样。这样一来，文明就不会平衡，只有通过武力来维持。文明的片面性把妇女卷入其中，甚至成为男权斗争的牺牲品，这是很危险的事情。

在文明的塑造过程中，妇女起着很大的作用。这种作用和土壤相似。一方面滋养树木，让它们生长；一方面控制树木，不让它们超出一定的限度。作为树木本身，努力生长是必须的，但它深知离不开大地，因为它与土壤有着密不可分的关系。这种关系能更好地促进树木生长。

文明也需要根基，需要和谐的力量。这种力量要把世界引向美好，让真善美充满世间。妇女就是这种力量的代表之一。她们有着比男人更好的品行，更大的牺牲精神。妇女可以用自然的力量创造美，把野蛮驯化为柔和，从而更加适合现实生活的需求。同时，妇女还以其博大的胸怀养育生命，让人类生生不息。

五月二十三日　善良让人类长存

实现诺言的道路有无数条，对灵魂来说也是如此。每个诺言的实现，都带来新的快乐，新的渴望。人性本善，这种善良存在于天性之中，一直向前流淌着。慢慢地，善意酝酿出了仁慈，接着众生开始接受仁慈的恩泽。我们感觉到幸福的原因就在于与他人之间关系的亲密，这种亲密给了我们很好的体验。这种体验犹如巨浪一般，洗涤灵魂中的污点，让心灵焕然一新。人类中的各种关系，个人的美好的品质，都是善良赋予的。善良还让世间的男女结合在一起，让人类社会繁衍长存。

五月二十四日　用理想引导自我

每个人在审视自我的时候，总是觉得与理想中的差距很大。因此，我们要站在真实之外去反思希望中的情感，而不是历史中的情感。当我们回忆过去的时候，总会找出自己的不足，却自觉不自觉地把别人的不足忽略。但其实，高贵的情感每个人都曾有过。只是，一旦回忆，还是多多少少会有惋惜和哀叹。

我们有所不知，人生的每次经历都是美好的。只是有的人总是以悲观的情感去审视，所以才会觉得苦涩和感伤。在真实的世界里，各种消极的词汇是存在的，各种痛苦也是存在的。但是，我们应该化消极为积极，用理想引导自我。这样才不会陷入悲观之中，忧伤之中，才能有持久的欢乐和狂喜。

五月二十五日　妇女的天性

生命看似微弱，但其中蕴含的潜力是巨大的。就男人而言，他的潜能需要妇女用天性激发出来。也就是说，男人生命的潜力要从妇女天性深处激发出来。

多年前，我曾经秉持一个观点：一切躁动的情绪都不是妇女的本性。这是为什么呢？在我看来，妇女是想从她生活的环境之中找到一些能让她们兴奋的东西来保持精神的活跃。她们不安的情绪，只是表明她们对平常事物的不满足，她们与真实的世界拉开了。妇女们喜欢新鲜独特的东西，即使这个东西是虚假的，只要是独创的都会让她们感到满足。至于别人是否会吃惊，她们根本不在乎。妇女们的行为已经脱离了她们具有象征意义的生命力。从更深的层次来讲，这种不安对妇女的危害很大。不过，正是妇女们的兴趣，种族才会得以延续。否则，若一旦妇女们停止了这种不安，人类就会灭亡。

五月二十六日　真正的婚姻

宇宙间的万物都在不停地变化运转着。从一个人的眼里，我们可以看到人的两面性：一半是天使，一半是魔鬼。天使和魔鬼通过人的各种美德融为一体。正是因为美德的存在，恶念找不到了可以藏身的地方，只有逃走。爱情一开始是火热的，但时间却让这份激情减缓。在这个过程中，恋人们学会了彼此理解和尊重，更深地懂得了使命、责任和爱。他们用自己的实际行动去为理想生活中的快乐和自由而努力，全然不顾这种快乐和自由是不是真正地存在着。随着时间的推移，他们终究会发现，一切都不过是短暂和虚幻的。曾经吸引两个人在一起的那么神圣和美好，慢慢地都会消失不见。但同时，他们对生活开始有了重新的规划和预期。在智性和心灵不断净化的时候，才接近真正的婚姻。而这婚姻常常会出乎他们的预料。于是，男人和女人虽然智性不同，却还是结合在了一起，然后以婚姻之名相守几十年。所以，婚姻的来临就变得不足为奇了，人们对美的渴望也在情理之中了。人类彼此效仿他人的行为，最终铸就了一对对美好的姻缘。

五月二十七日　保持心灵的敏感

　　男人和女人的兴趣点差异很大。一个男人若是对身边的事物有了兴趣，那一定是在别的男人那里看到了权利和欲望，或者是他觉得别人有特殊的自己所不具备的才能。但是，女人就截然不同了。女人对女人给予特殊关注时，是因为她把女人看作和自己是一类的，都是活生生的人类。而不是像男人那样为了发现权利、欲望，或者别的什么特殊能力。女人这样做看似平常，但却能从心灵上征服一个人。她们的生命姿态是有吸引力的，言语是丰富亲切的。她们的一笑一颦都显出她们的高雅。她们与周围的事物是那么的和谐，和谐之中把高雅的气质表现得淋漓尽致。

　　生活中不是缺少美，而是缺少发现美的眼睛，这里的眼睛不仅仅是双目，更是心灵。平凡的事物之中常常蕴含独特的魅力，我们只有保持心灵的敏感，才能发现这些魅力之处。我们要学会透过事物的现象看到事物的本质，让情感飞跃起来，这样你就会看到不一样的世界。

五月二十八日　点燃激情之火

　　一个人只有正当少年的时候才会显现出柔情似水和血气方刚，才能把这种美好描绘得多姿多彩。每个人年轻的时候，都曾有过心动的感觉，这每一次感觉都是真诚的，因为那时的内心不可能欺骗我们。只是，那些花样的年华只有青春的美丽才配拥有，苍老的容颜只能让这样的年华流逝。我斗胆这样说，相信肯定会引来不少人的批评和非议，甚至责难。不是我冷酷无情，的的确确如此。但是，少年的激情不只属于少年，你可以拥有，只有愿意加入少年的队伍。老年人的激情并不会比少年弱，那些柔情也不必少年差，只是表现方式可能有所不同，但境界却是更高。

爱情是火热的。在黑夜中，它像烈火般照亮男男女女的心灵，点燃他们的内心，让他们火热起来，兴奋起来。星星之火，可以燎原。爱情之火并不局限于少数的男女，它会照亮整个自然界，让世间的生灵共享这份美好。因此，不管你处于哪个年龄阶段，只要有激情，都是平等的，年龄其实都没有那么重要了。

所以，少不更事也好，老当益壮也好，我们都要学会在心灵深处种下激情的种子。这样，青春就会常在，年华就会美好。当我们再去看自然界的时候，就会一目了然，豁然开朗。

五月二十九日　人类世界也是妇女世界

妇女的忙碌是为了保持热情和敏感。我们常常看到一个妇女的伴侣并不是那么好，甚至我们都以为是不如意的，但是妇女依然对他不离不弃，这是为什么呢？因为和男人不同，妇女无时无刻不在发现着自己伴侣身上的优点和价值，从中保持自己的热情和敏感。这就是为什么她能做到一直陪在男人身边的原因。试想，要是她们对周围的很多不起眼的事物都不感兴趣的话，那可就坏了。在那个时候，更多无聊的思想和空虚的感觉就来了，她们对外界的敏感力就会大大削弱，甚至丧失，热情在这时就会退去。因此，忙碌的生活不仅仅是让妇女好好利用时间来做事情，达成某一种结果，更是让她们的生活世界过得更充实，更有兴趣。

如果我把生活比喻成一个中转站，那么这个中转站的价值并不是为了传输东西，而是给那些能力非凡的人提供一个平台，让他们通过这个平台看到不一样的世界，听到空灵美好的音乐。就妇女而言，她们是我们日常生活中重要的成员，是日常生活不可缺少的。如果她们不出现在我们的生活中，所有的美好就会大打折扣。当然，我并不是强调妇女的地位有多重要，我是想说，人类世界其实也是妇女世界，家庭世界。我们在这个世界活动，应该是生命的活动，而不应是机械的、抽象的，甚至盲目的。人类的价值并不只是自身的价值，更与妇女密不可分，与妇女必然产生这样或那样的联系。我们要有一双发现价值的眼睛。归根到底，爱情价值才是生命价值中最不可或缺的一部分。这个价值是为自然界所拥有，是不论发生什么事情都无法改变的。妇女是家庭的核心成员，她是神赐给家庭的礼物，爱是妇女最重要的天性。

与男人相比，妇女的力量是无穷的，她可以运用这些量去探索大自然，探索社会，从而占据世界的中心位置，而男人则永远做不到。妇女的爱是博大的，她可以爱各种各样的人，不管这些人好与坏。而男人只是在机械地追名逐利，建功立业，还理所当然地认为这才是男人该做的事情。但不管怎样，在男人实现目标的过程中，对精神的追求也是不可缺少的，妇女正是男人精神追求的实践者和帮助者。

五月三十日　爱情的不幸

与生活中的爱情比起来，电视剧中的爱情要远远美好得多。我们在电视中看到的爱情，虽然有喜有悲，但仅仅只是喜剧和悲剧的组合。而生活中的爱情除了悲喜之外，还有幸与不幸。可怕的是不幸的爱情，会把我们引入诱惑的深渊，或陷入仇恨之中不能自拔。

从古到今，那些伟大的人物，都是不曾因爱情而发狂的人。要想名垂千古，取得伟大的功业，就要学会理智地控制自己的情感。但是，其实也有例外。有的人天生好色，有的人本性多谋，这并不能阻止他们的英名被后人铭记，但这样的例外是少之又少的。这少数人的故事也说明，爱情也有双面性，可以开阔心胸，也可以把人引向狭隘。

五月三十一日　在追求爱情中要保持警惕

人生的价值不仅仅是表现在对爱情的追求上。但是，对爱情追求过度的话，则会把人本身的价值降低。比如，那些过于煽情的甜言蜜语只能出现在爱情里，若是放到其他别的场合，则只会遭来众人的耻笑。历史上，一位名人说过：人总是把最大的奉承留给自己。但是，有一个人是例外的，那就是他的情人。在情人面前，多少骄傲的男儿汉都不得不低下高贵的头颅，把自己的身段放到尘埃里。由此，我们可以推断，世间的所有人，包括神，在爱情中也会犯糊涂。除非两个人是相互追求的，否则情人的弱点在所有人（特别是被追求者）眼里都是明显的。所以，爱情就是这样的，得不到的话就会去蔑视。说自己对爱情大度的人，往往都是伪君子。别不信，这是个放之四海而皆准的定律。

从这一点来看，对待这样的感情，人们应该时时保持警惕。这样的感情是危险的，它可以让一个人失去所有，包括这个人本身。在人类历史上，这样的例子比比皆是。古希腊的海伦是一位貌美的女子，多少人为了追求她而放弃了手里的权势和财富。而结果呢？

我觉得每个人似乎都很博爱，这种博爱不亚于普度众生的僧人。如果这种博爱不能完全给予一个人，那么就会转化到更多的人身上，这更多的人就是大众，就是爱的对象，情人就是其中的一个。

六月

看清社会的真相，过好现实的生活，需要一颗有智慧的头脑。这样的头脑能让我们真诚地面对自己的内心，知道自己想要的是什么，从而摈弃我们多余的东西。智慧的头脑让我们对爱情，对友情的认识更加清楚，也让我们更深地懂得人世间的种种现象。智慧让我们学会了理解。

辑一 智慧

六月一日　学会理解万事万物

《论语》有曰：不患人之不己知，患不知人也。这就是说，别人不了解我，我还是我，于我自己并没有什么损失。但是，让人担心的是自己对他人却也并不理解。

人类的境界要想得到升华，必须首先学会理解大自然，理解人类社会。

对每个人来说，懂得理解是一种难得的精神境界，是一种宝贵的财富。只有在理解中，人类才能走得更远。

因为理解，于是有了俞伯牙和钟子期的高山流水；因为理解，屈原吟出了名垂千古的《离骚》；因为理解，无数的男男女女携手相伴一生……

不论是自然界还是人类社会，理解都是不可缺少的。自然要想维持生态平衡，社会要想达到和谐，都离不开理解二字。特别是作为万物之长的人类，要想不断地进化，人与人之间理解是极其重要的。

人类既要理解自己，也要理解他人。理解自己才能对自己的人生有一个很好的把握；理解他人，才能把自己的事业越做越大。相反，不理解自己，就会把人生搞得一塌糊涂；不理解他人，自己的事业就难以有起色，甚至在人生路上会走更多弯曲的路。

理解是一种力量，它能让精神萎靡的人振奋起来；理解是指南针，它能让你看清人生的走向；理解是万花筒，它能让你感受到生活的丰富多彩；理解是……正因为理解，社会才更加美好。

宇宙间有着无穷的奥秘，千百年来无数人前仆后继想要去完全理解这些秘密，但总是不能，也不可能做到完全彻底。从目前来看，鉴于知识水平、认识能力、科学手段的限制，人类对宇宙万物的理解还需要一个很长的过程，还有很多的路要走。那么，既然如此，我们就从理解身边的事物开始吧。让我们用自己的智慧和情感首先学着去理解家人，理解朋友吧。让我们学着理解天上的云朵，树上的枝叶，脚下的小草吧。一切事物的存在都有其存在的目的，对此，我们要学会理解。

六月二日　夏天的对话

炎热的夏天是青蛙频繁活动的季节。听，他们开始唱歌了。不过，在停歇的时候，青蛙们开始了对话。

看着自己的同伴们，一只青蛙开口说："我们整天这样唱来唱去，会不会打扰到在河边睡觉的人们？"

同伴们反问："在白天的时候，我们也不是经常被他们的谈话打扰到吗？"

"可是，我觉得我们唱的歌确实有点多了。"青蛙接着说。

同伴们不屑："那些人类不是也很过分吗？他们大声喧闹却不顾我们的感情。"

"但是，看看牛蛙，他的声音实在太大了，把整条街的人们都吵醒了。"青蛙看着同伴们说。

同伴们反驳："看看那些可恶的人类，他们何尝不是噪音的制造者？本来安静的空气被他们搅得乌烟瘴气的。"

面对同伴们一次又一次的辩驳，青蛙哑口无言。沉默了一会儿，他说："我们应该比人类更文明些，所以让我们先安静一阵子看看人类对此有什么样的反应和做法吧。"

同伴们觉得有道理，纷纷表示同意："我们可以先为人类着想一下，看看人类领不领情，懂不懂我们的心。"

这样，一直到第三天，周围所有的青蛙都没有再唱歌。但是，女主人与丈夫的对话使青蛙们的观点得到了转变。

女主人说："因为听不到青蛙的叫声，我已经三天没睡好觉了。最近是不是出了什么事情了，青蛙们为什么突然不唱歌了呢？不行，要是再在这样安静下去，我觉得我更睡不着，我会崩溃的……"

女主人的话传到了那只青蛙的耳朵里，他眨了眨眼睛，对同伴们说："三天没有唱歌，我们也快憋坏了。但是，没想到，人类却需要我们的歌声。"

"是啊，我们本以为怕打扰人类的睡眠，可谁料没了喧哗，人类会觉得空虚很多。看来，我们不必再封住自己的歌喉，从现在开始，让我们大声歌唱吧。"

于是，当天晚上，又是蛙声一片。

六月三日　看清事物的真相

在抛去依附于人的各种关系之后，人和物其实都是一样的，都是宇宙中地位平等的一员。而只有这时，所有存在者才能显现出他们原有的状态，才能用各自的言语平等地对话。

如果你仅仅把自己放到观赏者的位置，那么你所看到的花就只是花。要想更深地了解花，就要用心平等地与花对话，倾听花语，你才能得到美的熏陶。

要想看清海的真相，最好是一个人去海边。人多的时候，海的真相会被掩盖。因为所有和你在一起的同伴，会在无形之中成为你躲避危险的依靠。你的目光就不能真正与海融在一起。而一个人的时候，你可以把自己的身心交给大海，让大海用它强大的力量把你淹没，与你融为一体。然后，你会觉得世上万事万物一下子全都消失了，时间、空间、人类、城市全都沉到无涯的荒野之中去了。

如果你看到了海的真相，你以后就不会再轻易去谈论海。因为那时你会明白，在本质面前，所有的词汇都是无力的，都是只能描述事物的表面现象的。

六月四日　接受无奈

深刻和肤浅二者并不矛盾。真正的深刻并不会瞧不起肤浅。其实，能从深刻中走出来，让自己变得简单，也是人生的一种大智慧。

世界上的事情，不可能是十全十美的，也不可能兼顾彼此的。要想得到此，必须舍弃彼。若是一个人把感情看得太重，就会慢慢地软弱起来。若是想极力把一件事情做得完美，不可避免地会留下遗憾。可是，人就是这样，可以宽容自己的软弱的性格，却不允许人生有那么一点点的遗憾。一旦有所遗憾，我们的情绪就会波动起伏。

人的一生，会尝尽酸甜苦辣咸。到底哪一种才是人生真正的味道呢？其实都不是。当繁华散尽，美好过后，到最后只剩下"无奈"二字。的确，生活中的很多事情是我们无法操控的。树叶终会凋零，鲜花终会凋谢，不管我们再怎么努力，该发生的总会发生。因此，面对这么多的无奈，接受是一种不错的选择。美好也罢，遗憾也罢；快乐也罢，痛苦也罢，我们都一并接受这样的安排。只有如此，我们才能越来越坦然地面对所发生的一切。当我们看清了无奈的本质特征，学会了对我们做不到的事情果断放弃。无奈就会超越其本身的含义，达到一种全新的境界：从平凡到超脱，最后是返璞归真。

人生要对照着看，如果把野心变为平常心，在这个过程中其实野心也就转化成了智慧之心。人要懂得，能甘心接受平凡也可称为伟大，不抗拒小的情调也可成大器。所以，换一个角度看世界，就会心平气和了。

六月五日　过好平凡的生活

人生要想过得圆满只需做到两点：安顿好心，照看好命。这两点看似平凡，想要做好却很难。

人生的价值该怎样衡量呢？对社会的贡献只是一个喊着响亮的口号。其实，越是平凡的生活越能衡量一个人的真正价值。在生活面前，所有的伟大算不上伟大，所有的成功不值得炫耀，精彩也算不上什么。要想体现自我价值，获得圆满的人生，真正过好平常的生活就可以了。

六月六日　真正的智慧是成熟而不世故

每个人都是赤裸裸地来到世上的。没有一个人是在出生前就有名字的，也没有人带着职位、身份和财产而来。但可悲的是，我们在琐碎的事物之中渐渐地忘记了这样一个基本的事实。名字成了每个人见面的称呼，与名字相关的还有个人的身份和价值。这样一来，附在我们身上的东西越来越多，那本真的生命就被压缩了，淹没了。不管是对自己还是对别人，想找回生命的感觉变得越来越难。很多情况下，我们就只是带着名字麻木地在世上延续生命。如若不是因为伦理纲常和生活习惯，我们很可能离开自己的伴侣。即使两个人在一起生活，也很难坦诚地对待彼此。茫茫宇宙，地球是迄今为止唯一有生命的星球。这个星球本应十分美好，可事实上呢？人人都在为获取利益争执不休。他们不会明白，两个生命的相遇其实是多么的不容易。他们不珍惜这样的相遇，偏偏要选择对立。唉，造物主创造了我们，我们却辜负了它的宠爱，做出了不应有的行为。

想要创造一个美好的社会，或者说把社会推向美好，至少需要大多数人保持生命的本真，以单纯的生命本质来对待彼此。只是，在当下来说，这还是个遥不可及的梦。

一个真正有智慧的人是在成熟的时候还保持着一颗童心。所谓成熟，就是在为人处事上面有自己的原则，能够坦然面对生活中的苦难和不幸，接受生活所安排的一切。而童心则是说，即使世道混乱，人心邪恶，我们仍用儿童般的眼光，用儿童般的心灵对社会保持兴致，相信终会美好，并为之努力。所以，成熟加上童心就是一个有智慧的人的标志。成熟而不世故，成功而不虚荣，这是一种很高的境界。

人生就是一个循环的过程，单纯、复杂、单纯，这就是智慧。混沌、清醒、混沌，这就是彻悟。明白了这些，还有什么想不通的呢？

六月七日　亲近自然，与自然和谐相处

神奇的大自然有着无穷的奥秘。山河大地、日月星辰、花花草草都是有奥秘的。因此，如果用心，就能听到他们的声音，否则，对我们来说，他们就只是一种存在，别无他言。

自然是神圣的，我们应当学会敬畏自然。在我们心中，应该时时刻刻都记住：自然孕育了我们，我们是自然的孩子。对待自然要学会顺应，运用自然规律为人类服务，而不是无情地征服、支配和掠夺。其实，人类自以为创造出了伟大的文明，但与自然比起来，根本微不足道，自然永远是伟大的，并且要比人类的文明伟大得多。既然如此，那该怎样处理人与自然的关系呢？人可以亲近自然，认识自然，但不必也不可能把自然的秘密全都揭穿。对于

这秘密，我们要懂得尊重，像神灵一样去敬畏。

在乡村长大的孩子是幸运的。我们知道，有生命的一切东西都是土地孕育出来的，它们的根扎在土地上。等到它们死亡之时，又回到了土地上。在乡村，新的生命离土地很近，可以从土地里获得生长所需的养分。生命要想生长得迅速，离不开所需的环境。童年正是一个人快速成长的时期，离不开那营养丰富的土地。就当下而言，农村的孩子要比城市里的孩子生活得快乐，更能与自然融为一体。他们有各种各样的同伴，除了人类，还有动植物，如花草树木、家禽昆虫等等。这些东西都是土地给予的。再看看城里的孩子，钢筋和水泥阻隔了与自然的联系。因为不接地气，他们过得不快乐，即使物质再丰富都无济于事。所以，我们常常会听到这样的言论：童年属于乡村的孩子，城里的孩子只能坐在温室之中去想象童年的美好。

世界万物中，只有土地才是最洁净的。它不但能容纳脏污，还能把脏污再次净化，把洁净还给人间。要问世上什么东西是最肮脏的，那就是人类的工业废弃物。因为它把最洁净、最能包容的土地都给污染了。这些废弃物正是人类不断发展所带来的。

和谐社会，讲的是人、自然、社会的和谐。单独的两方面的和谐算不上和谐，真正的和谐要统筹兼顾，缺一不可。只有自然和社会和谐了，人们才能生活得更加快乐，更加美好。

六月八日　一个人的生理需求是有限度的

在斑驳陆离的当下，我们要明白：要想活得自由，就不能把生活搞得过于复杂，简单生活才是最重要的。

在历史上，那些有名的人物都主张一切从简，在简单之中让自我的精神获得自由，而不要成为物质的奴隶。

反观生活，对一个人来说，如果想要健康地生存下去，所需要的东西并不是我们想象的那么多。过多的物质需求虽然能为我们带来更好的享受或服务，但是同时往往也会助长我们的欲望，而欲望则会把一个人牵住、奴役住。

我们确实活得过于复杂了。有了更多享受的途径，但幸福了吗？生活确实越来越便利了，但你觉得自己生活得自由了吗？相信很多人都会说否吧。

但就人的肉体而言，它本身的组织结构决定了其所能接受的物质是有限的。这个很容易理解，就像你吃饱以后再也难以下咽一样。人的肉体的欲望，想要获得的快感在千百年来也基本是没有变化的。简单来说，就是温饱、健康、食色，除此之外，别无其他。不论是皇家贵族还是平民百姓，我们的胃口其实都相差不大，也就只能容下那么多。即使你是个美食家，你也不可能每时每刻都在品尝美食，也要停下来消化。不然，胃会反抗。性爱也是一样，也需要节制，否则会导致肾虚，影响健康。人的生理欲望也是有法则可循的，不能一味地只知道享乐。没有必要为了所谓的阔气而摆上满汉全席，没有必要为了贪图虚荣而妻妾成群……很多事情都是没有必要去做的。家中堆金如山，但所带来的快乐无非是清点财产时的一点点欣喜，挥霍时短暂的痛快。这些早已超出了生理需求，是一种心理的自我满足罢了。满足以后，我们又能得到什么呢？

六月九日　丰富的单纯

有人问，心的最高境界是什么？我思考了许久，给出了自己的答案，那就是：丰富的单纯。什么是丰富的单纯呢？其实可以从词面的意思来讲。在我看来，丰富的单纯是人生一种健康的生存或者说成长方式。丰富的意思是人的各方面的能力得到了发展，而不仅仅是一种能力。单纯的意思是说一个人在发展的过程中，就算经历了诸多事情，也能保持一颗童心，一颗单纯之心。看着简单，实则很难做到，能做到的就可以称为精神上的伟人了。翻阅人类文明的画册，凡是具备这两点特征的人大都具有单纯的品行。而在单纯之中，却又体现出他们丰富多彩的人生阅历和深邃的思想情感。

有丰富的单纯，就有与之相对的贫乏的复杂。他们的心灵没有一点内涵，这是因为他们活在算计和被算计之中，活在纵横交错的关系之中，哪有时间顾及精神层面的东西。故而，我们把这类人的境界归结为贫乏的复杂。

不过，我们并不是说世上只有这两种情况的存在，或许还有更多。但不管怎样，单纯需要精神的支撑和衬托。假如缺少了精神，就成了简单而不是单纯。

六月十日　单纯是生命的本质

人之初，性本善。善，除了善良之外，我更愿意把它理解为单纯。生命的本来特征是单纯的，但是后天经历的种种却把它变得复杂，所以心复杂了，人也活得复杂了。不可否认的是，多数时候，我们迷失了自我，把权势和财富、身份和地位当作毕生的追求，活着的目的。这样我们就变成了为权势和财富、身份和地位而活，而不是为生命而活。这些堆积在我们周围的一切，把生命遮蔽了。所以我们产生了这样一种思想：它们的重要性要高于生命本身。因此，我们把生命本身丢了，再也听不到生命的呼唤了。

自然界是有规律的，作为自然界的孩子，每个生命都应遵循规律，应规律而生长。我们应在自然的怀抱中繁衍生息。不管时代如何变化，生命的内核都不会改变，生儿育女依然是每个生命要做的事情，这是一种使命。不过生命是有状态变化的。职场中的生命是一种状态，回到家中则又是一种状态，但这都是你的生命。

生活之中，可有可无的东西实在是太多了。有些东西有了自然好，没有也无所谓，对自己的生活产生不了什么大的影响。但是，有的东西则是必不可少的，没有这些东西，生活就不完整，就不再是生活了。那么，到底哪些东西是必需的呢？其实除了大自然之外，谁也说不清。这时候，自然就具备了发言权和决定权。它规定阳光和土地是人类必需的。阳光和土地对人们来说，这是多么平凡的啊。然而，正是如此平凡的东西才让人类生活得以永恒，人类才能延续下去。

不管世事如何更替，不管人类如何生生不息，生活的基本内核都不会变化，都会是平凡的。就算现在我们正在经历着磨难，就算你对财富追求不止，对名利不肯放下，到最后，当一切落下，仍要自觉地回归到平凡之中，在平凡之中来衡量自我的人生价值。

伟人的丰功伟绩固然被后人所记载，但是常常让我感动或者能引起我思考的并不是这些伟业，我更看重的是他人性展露的那一刻，而这人性又是每个人都拥有的，是平凡的。可惜，已经很少人懂得了，他们都在忙着追求不平凡，哪还顾得上停下来品味平凡、简单的生活呢？这是当下人的一种悲哀，更是生命的悲哀。

辑二 感觉

六月十一日　严谨的生活

　　人类常常用感官来寻找刺激、证明自我的存在。因此，我们可以说，感官世界的存在其实是为了作秀。当然，这种作秀具有某种程度上的象征意义。具体是什么，每个人的表现是不同的，含义自然也是千差万别的，但都不是谨慎的原则。当一种原则建立在承认其他原则合理性的基础之上的时候，才是真正谨慎的原则，而其他原则是从属性的。感官深深地明白这样一个道理：它不能也不可能在人的内心起作用。所以感官只在表面上发力。谨慎如果不能内化，不能在灵魂中起作用，它肯定是虚假的。要想做到合情合理，就要避免片面，就要把内在的美通过感官展示出来。

　　在社会生活中，人被分为三六九等。同样，世界上的知识也有等级之分。我们可以大致地把严谨的生活划分为三个不同的等级，对应的每个等级都有一类人。具体的划分是这样的：第一类人把健康和财富当作毕生的追求，生活对他来说仅仅是一种象征的意义；第二类人认为活着的目的是为了追求美，懂得审美对他来说要高于一切。这样的人常常是诗人、艺术家之类的。还有第三类人，他们也靠美活着，但与第二类人不同的是，他们志趣至上，活着的最大目的是把事物的美展现给人类。在我看来，其实三类人各有特色，不过只有第三类人才能称得上智者。这是为什么呢？因为只有他在精神领悟方面有着高深的见解。其他两类人，第一类偏重常识，第二类看重格调。但想要做一个集大成者，就必须把三类人的所长结合起来，欣赏美，享受美，然后对美形成独特的见解。

一个人只有对自然形成充分的认识之后，才会对自然抱有敬畏之心，才能看到上帝的光辉。认识自然，利用自然，让自然为人类服务才是可取之道。如果对自然大肆破坏，结果必然会受到惩罚。

六月十二日　艺术是超脱的

站在历史的立场上来说，通过一定程度的训练使人能形成对美的感受便是艺术的主要作用，也可以说是唯一重要的作用。我们都知道美存在于我们的生活之中，存在于我们身边，但用肉眼是看不到的，看到的只是美表现出来的载体。既然如此，就需要掌握一种本领去感受美。这种本领能通过一些独特的展示来引导和调动每个人内心潜伏着的性情和趣味。美的展现形式是多种多样的，雕塑和绘画都是常见的形式。于是，借助这些形式，我们可以去引导学生在观赏中发现美，体验美，创造美。

艺术之所以说是非凡的，超脱的，是因为借助艺术的力量，我们可以从各种杂乱的物品之中把一件物品分离出来。这个过程是复杂的，但是是有成效的。一件物品，只有从众多物品中独立出来，才有对比，我们也才能产生喜悦之感。但是，这种对比和喜悦往往都是贫乏的，是没有思想性可言的。因为，如果回忆我们生活的经历，你会发现，美的诞生与我们的情绪无关，它不在乎我们是快乐还是忧伤。为什么孩子总是快乐的，总是脸上带着微笑呢？那是因为他在认识事物和解决问题上取得了大的进步，这些大的进步是和他的性格和能力密切相关的。

存在的事物似乎早被集中在了某个事物的周围。到底是一种什么样的东西有如此大的力量呢？这种东西就是爱和激情。爱和激情是心灵的习惯，这种习惯在物体、思想、言语上都赋予了美，用美来表现整个世界。有这种习惯的人是了不起的，他们是具有审美情操的。这类人可能是艺术家，也可能是演说家，或者是社会阶层中的领袖人物。演说家和诗人喜欢用修辞的手法来使某种物品的地位凸显出来，他们用超脱的力量把这一物品扩张化，结果这一物品自然能被人们所关注。不过，与诗人和演说家不同的是，画家和雕塑家在表现某一事物时，选择了色彩和石头。不过，别小看这种能力，只有那些有深刻洞察力的人才能具备。因此，我们可以得出这样的结论，每一件物品都与大自然息息相关，那么所有的物品合起来就是整个世界。所以，伟大的作品都是时代特征的结晶，都高度关注了物体本身，都倾注了作者的心血。在历史上，不管一个人从事什么艺术创作，一首诗，一幅画，一件雕塑，一场演讲，一个方案等等，都是应该被提及，并铭记的。当我们想要把一个东西发展成为一个整体的时候，我们也必须把目光移动到其他物体上。

要想把一个花园规划、布局得十分完美，我们要考虑的事情很多，气、水、土都要包括在内。如果对这些不熟悉，我们就会误以为世界上最本质的东西原来是火。这并不难理解，当我们怡然自得的时候，我们就会把手里的物品看成是世界上最好的，自然界中所有的东西都不例外。森林是松鼠的乐园，它在那里自由地玩耍，快乐和满足并不亚于狮子，即使狮子是美丽的，自信的。此时，松鼠就是整个大自然的象征。好听的歌曲产生的感染力与一首诗歌比起来，并没有什么大的区别。

其实，在我看来，事物都有其优点，并且这些优点在某种意义上都是一样的。常怀这样的心胸，我们就能看到不一样的世界，那个世界更辽阔，人性更丰富，更让人着迷。不管美好从哪里来，它们都朝着无限的未来奔去。

六月十三日 艺术是粗浅的

我们虽然一直在不停地说着艺术的好话，即使说了一遍又一遍，但是，当我们安静下来的时候，我们又不得不承认艺术和其他很多东西一样是粗浅的。一时间的得失并不能让我们一直地赞叹，我们赞叹的其实是某件物品内在的意蕴，这种意蕴才能给我们持续的感觉。创造的时代一直都在，每一个当下都是最好的时代，人类的睿智不容低估。人类历史上留下的大著作之所以能流传下来，就是因为它们是那个时代的写照，是创造的象征，是才智的展现，把人类的灵魂表露了出来。艺术成熟的特征主要表现在它跟得上潮流大趋势，既是实用的，也是道德的，还要与良知产生关联性，能让没有教养的人高尚起来，能倾听他人的声音。与技艺相比，艺术应该是高高在上的。艺术来源于创造，而技艺只是本能的产物，是低级的，不完善的。艺术的要求很高，因此在本质上它有着普遍的意义，它需要一个人放开手脚去创造，摈弃那些畸形和不美好的东西。所有的艺术都是这样的。在目的性上，艺术甚至可以和自然创造画上等号。一个人的全部精力在艺术上应该有一个出口，这样随时都可以进行创作，绘画、雕塑都是可以的。

艺术没有国界，它可以让人保持愉悦的心情。当我们在欣赏艺术作品之时，我们要透过作品察觉到创造作品的艺术家想要表现的普遍意识和能力。只有这样，新的艺术家才会诞生出来。

六月十四日　做一个乐观主义者

　　人不但要保持感觉的敏锐，还要充分利用自己的感官。人有一双手，就要知道用双手劳动；人有一双眼睛，就要用双眼来明辨是非。同时，要学会通过双眼把看到的一切记忆下来，不断丰富自己的知识。人都有自私的成分，得到的越多，想要给予别人的就越少。时间是神奇的东西，它总是看准时机把一个人的自身价值展示出来，让世人也看到。智慧很多时候远远不是那么高深，一些自然、简单、纯朴的行为往往也是有智慧的表现。对一个经常在家做家务的主妇来说，在厨房里的一切声响或许比那音乐厅里演奏的美妙乐曲要动听得多。因为她从这些声响中感受到了不一样的东西，这些东西是很多人想都想不到的。每个人都想获得成功，为了成功可以不择手段。只要能达到目的，管它手段是否合理。在战场和官场中，我们常常要具备一些谋略，但是，不仅仅是在这些场合，就像我们想经营一家超市一样，都是需要策略和计划的。在很多时候，人类的方法和策略是通用的。比如，我们在日常生活中处理小事情的方法同样可以用在一场激烈的战争中，也同样会起到作用。

　　雨天来临的时候，木匠会想办法把自己的工具放到一个合适的位置。在这一过程中，他获得了一种久违的快乐，这种快乐曾经存在于幼年时代和青年时代。即使只是一位木匠，他也会心满意足，甚至十分热爱现在的工作和生活。他有了自己的一个小花园和小农场。在小花园里，蝴蝶和蜜蜂都有自己的故事；小农场里，鸡、鸭、鹅都有奇闻。他在这个世界上过得十分快乐，一切美好的东西都萦绕在他身边。我们懂了，这样的人才是一个真正的乐观主义者，才是真正地活在生活之中。

一个人，不管有多伟大，也不管是不是渺小，只要遵循大自然的规律，他就能事事如意。想要过得快乐，不在于量，而在于质。找到让自己愉快的源泉，比什么都重要。

六月十五日　伟大是存在的

即使思考得再周全，在评论一些事物时，也难免会有失偏颇。当然，这本也无可厚非。比如，我们可能会理所当然地认为在这个世界上伟大的人物其实是很少的，每个人都很平凡。但是呢，翻阅历史，我们却能找到这些人都真实存在过。像牛顿、莎士比亚等等，难道这些人算不上伟大吗？不过，他们当时的那个时代却没有承认他们的伟大，这是一件令人们不解的事情。所以，对那些伟大的人物我们应学会赞扬。可是，再反过来想一想，其实伟大也并没有那么伟大，他们不过是发现了一个现象或者说写了一些吸引人的故事罢了。如果可能的话，每个人都可以做得到的。一本真正的好书不是书本身是好的，而是读者认为它是好的，得到读者的认可。真正的读者是不会读那些无用之书的。对聪明的读者来说，他们不放过任何书中任何一处精彩的片段，不会忽略任何一篇杰出的文章，他们的眼睛是犀利敏锐的。

我们之所以能看到光明的世界，之所以具备这种能力，都来源于无数善于观察生活的人，是他们的悉心给了我们这样的能力。阳光和情感是不可分割的，那些宝贵的情感只要存在，阳光就会存在。思考是一种力量，这种力量属于善于思考的人，是他们所独具的。世界是有规律可循的，当你用心的时候，你会发现，世界上的万事万物其实在一个我们都还不知道的年代和时光中，思想已经把它们包容进去了。一切东西，都不例外。

六月十六日 适时而行

　　跟随自己的感觉。当你觉得感官刺激有决定性的作用，看到它的法则之后，那就服从就可以了。不要轻易去触碰自己的灵魂，特别是在一切都不成熟的情况下，否则是没有好处的。我们要和知觉完善的人打交道，这样才能让自己的感觉和思维变得更加清晰。一个著名的博士说过一句话，大致的意思是说，一个孩子如果说从这个窗户而现实中却从那个窗户向外看过，就要记得去惩罚他。有些国家的人并不在意对知觉的准确表达，所以我们常听到他们说"还行"、"还可以"。这说明，他们并没有用一个具有确定性的词语来描述想说的话。不过，因为这种对未来漠不关心的态度导致的不守时，把事实搞得一团糟，以至于全民惶惶不安。自然界中的法则容不得被任意破坏和颠倒，不然就很容易变得支离破碎。就像一个蜂窝那样，假如我们去捅破它，想要从中获得蜂蜜，但是，往往放出来的是一群嗡嗡的蜜蜂，它们会对我们穷追不舍。因此，言语要想得体合理，就要看准时机，适时而行。我们要在恰当的季节做属于这个季节的事情。比如在收获的季节，挥动镰刀是合理的，但是如果过了这个季节我们还拿着镰刀不放，那就是愚蠢的了。

　　我讨厌拖拖拉拉的人，因为他们不仅仅做不好自己的事情，还会影响别人的情绪；我还讨厌不守时的人，他们的不守时往往会影响别人的工作进程。

六月十七日　宁静是人生的一种境界

山水的宁静是心灵和灵魂的写照，而宁静的夜晚则像一本书，这本书的名字叫精神。我活泼、安静，思想和精神也就响应地跟着活跃和安静。

我们的心灵，常常会受到各种各样的伤害，这种伤害有来自外界的，也有来自自我的。心灵受到伤害之后，要针对不同的情况具体实施不同的行为。可能有的时候需要周围人的安慰，但是有时候所需要的仅仅是一个安静的空间。不过，这时候，最愚蠢的做法是以安慰之名破坏安静的空间。人们都喜欢蒙娜丽莎的笑，都欣赏她笑中那独特的魅力。但是，在我看来，笑虽然具有魅力，我更喜欢她的宁静之美。看到那份闲适的笑容，我会觉得心情舒缓很多。

我们在音乐中寻找宁静，在雕塑中找到热情。但更多时候，宁静对我们来说是最重要的。而宁静本身是伟大的，它是自然孕育出来的。

生活之中，什么事情都不是绝对的。你以为金钱是幸福的源泉，所以拼命去追逐，可是真的到手里，你却发现原来让一个人苦恼的却是爱情。所以你接着争取爱情，但是有了爱情，你又发现生活中还有更多的事情让自己忧虑不堪。人就是这样，永远把忧愁寄托于各种各样的事情之中。为了权力而苦恼，为了工作而苦恼，为了家庭而苦恼……生活的每一刻都是不安的。既然如此，为何不学着安静下来呢？保持一颗宁静之心，洒脱地看待周围的一切，心平气和地享受生活而不去顾虑那么多，这样不是很好吗？

宁静是人生的一种智慧，更是一种难得的境界。它可以让一个人摆脱孤独的境地，又可以让一个人达到超然的状态。一个人有了宁静之心，就可以胜不骄败不馁，面对世事无常，坦然处之。

宁静的人是最终的胜利者。不管众人如何狂热不止地去追逐成功，最终的结果注定是失败的。只有具有宁静之心的人才是人世间真正的赢家。因此，如何常怀宁静，才是人生的必修课。

六月十八日　信任非易事

要想做到真正的信任是一件很难的事情，它需要时间的证明。有的人花了若干年去真正信任一个人，而有的人自始至终都从来没有真正信任过一个人。很多时候，我们往往会把信任给那些整天围在自己身边说好话的人，但其实这样做是没有任何意义的。当然，我们也不能像傻瓜一样，遇到的每一个人都去信任。信任来得快，去得也快。如果你这样匆忙地去选择信任，你很可能将要尝到由此带来的苦果：被信任的人所伤害或抛弃。甚至连以前那些信任你的人都会在内心蔑视你，鄙视你。不过，话说过来，假如你对任何人都不信任，或者一直不去信任那些真正信任你的人，你就无法感受到他们对你的关心，给你带来的温暖，你的生活也将失去很多乐趣，变得贫乏。

对每个人而言，信任是他们心中一种美好、高尚的情感，是连接人与人关系的纽带。因为信任，我们能感受到生命的律动。在不能证明这个人不值得你信任的前提下，每个人都应该有信任别人的意识。同时，我们也应该成为被别人信任的人。但是，别人也有权利不去信任你，因为他们可能会觉得你不值得信任。

六月十九日　生命是人最宝贵的价值

爱护生命、享受生命是每个人对自己生命的义务和权利。权利与义务是一个统一的整体，二者相辅相成。但是，在现实生活中，总有一些人对自己的生命既不知道珍惜爱护，也不知道适时享受。最常见的有两类人，一类人是典型的工作狂，另一类人则是那些纵欲者。这两种人的生活方式都是极其不健康的，都不值得提倡，因为他们都在滥用自己的生命，透支自己的生命，最后可能会尝到苦头。

欲望本无罪，因为既然自然给予每一个生命以欲望的权利，就是合理的。因此，虽然很多人提出禁欲，但都是有违自然常理的。生命是如此的精彩和美好，享受它没有什么不对。但是，万万不可把享受和物欲画上等号。这两个词语有着不同的概念。这主要是因为，对一个生命而言，其真正所需的物质资料是在一定范围之内的，但是物欲则超出了这个范围，它是被人为地刺激出来的，而不是基于生命本身的需求。再则，从另一个角度来看，生命所要享受的东西是多种多样的，是广阔的，而物欲在绝大多数情况下只追求物质，只注重物质给予的感觉。而这种感觉把生命真正的所需掩盖了下去，从而让生命陷入迷茫，缩小了生命本身的疆域。

那么，生命真正的需求是什么，它需要哪些东西呢？其实很简单。阳光雨露、健康营养等，就是这么多平凡的需求。而人类呢？在此基础上增加了很多的负累，才让生命如此沉重。所以，骄傲自大的人，请放下你的虚荣，安静地享用这简单的美好吧。它们所能给的愉悦，远比物质所能给的多得多。

自然界有很多神秘的事情，这些神秘的事情其实是最自然的，如做爱和孕育就是再自然不过的。但是正是这自然的事情，却是很多民族神话的来源。

他们的神话都是在此基础上诞生，然后留传的。

人生在世，安身立命是每个人所追求和向往的。所以，无数的人渴望建功立业，扬名后世。古语云：修身齐家治国平天下。因此，建功立业要以安身立命为前提，齐家治国要以百姓安居乐业为目的。但这一切都离不开生命，因为生命才是每个人存在的基础，也是人存在的核心。

人生最宝贵的价值是什么？相信现代的很多人会给出不同的答案，因为他们追求的价值是多种多样的。可是，归根到底，生命才是一个人最宝贵的，才是一个人真正的价值。人们都在狂热地追名逐利，都在为获得身份和地位殚精竭虑。但是，你有没有想过，你的所作所为使自己的生命得到了满足吗？金钱、权力、名声、地位真的有那么重要吗？

生命的内涵是丰富的，它是一个由多方面因素所组成的。我们常说的需要、能力都是其中的一部分，都是有其单独的价值的。我们理应从全局出发，满足这些需要。但是，在日常生活中，潜能得不到开发的人比比皆是。我们的社会用一种固化的模式为自我规划出了一条道路，这条道路十分狭窄，每个人只有这条路可走。这倒还罢，我们甚至把我们的子女也送到这条路上，说要全面发展，实际上可供他们走的路只有这一条，最终他们也成为一个片面的人。生命的潜能大部分都被扼杀了。

六月二十日　充实自己的生命内在

如果把人生比喻成一个女子，这个女子是对我们从一而终的。对待这样的女子，我们要懂得运用自己的能力去把她充实一下。还有就是，我们要爱这个女子，爱自己的人生，不管她是美是丑，我们都不能抛下她。

人生也有四季之分，四季不同，体验也就不一样。但是，每一种体验都是独特的，都是要珍惜的。正是这一个个的人生体验，才组成了我们这个完整的人生，人生才变得这么丰富多彩。不管处于何种阶段，我们都可以在人生历程中有所收获。我们常常感叹岁月的流逝，常常会因此而感伤，但是更让人悲哀的是，我们在特定的阶段做了这个年龄段不应该做的事情。

单调是生命的大敌，为了摆脱这个敌人，生命必须想尽一切办法来让自己变得丰富而厚重。对生命而言，它不害怕死亡的来临，而却极其害怕单调的到来。所以，从这个角度来说，单调是无法战胜的。

生命的流逝是平静的，没有声音，没有影子，看不见，摸不着，但却是个事实。只有遇到大的波折时，我们才能感觉到我们是活着的，存在的。

生命的内在力给了我们爱和欲望，让一个生命对另一个生命产生了兴趣。我常常会想，若是流落到荒岛上，一只鸟或一只昆虫都会让我们觉得亲切，这就是生命的内在力在起作用。

六月二十一日　友谊是神圣的

友谊是一种特殊的情感，是一种亲密的关系，一旦好起来就好得让人觉得不可思议。我们的恋人其实并没有我们想象中的那么完美，也不是那么让人崇拜，当彼此直视的时候就能察觉到。但是，友谊不允许这些猜疑存在其中，一点怀疑就会让彼此感到诧异，都会对友谊产生巨大的破坏。英雄是美德的化身，正是这神圣的美德才让我们心生崇拜。

从深层次来说，灵魂比他人更尊重自己。进一步讲，可以把每个人都看成处在一个不可捉摸的无限遥远的空间里的一个生灵。谁能确定我们看到的一切都是真实的？如果你认为自己是真实的，你就敢于认清其他事物的真相。想要真正了解一个人，就要让自己的感官变得更加敏锐，更加敏感，这样才能发现一个人的本性之美。

从生物学的角度来讲，即使我们不去修饰一个植物的根茎，它们本身也是不难看的。在我们的生活中，很多人往往会自命不凡，他们以为不管做什么事情，总会取得成功。他们把成功看成是自己的唯一目标，即使成功本身是用无数次的失败换来的。很多人不可一世，觉得世界上的所有东西都配不上他。面对这样的人，我只好在远处观看，因为我无法让他的思维与我保持一致。

六月二十二日 真正的友谊建立在心灵之上

在长久的生活中，并不缺少快乐和痛苦。但是，快乐和痛苦并不是单纯的，有时是痛苦的快乐，而有时是快乐的痛苦。但这样的情况出现的次数并不多，更不能任其发展。我们要学会过滤，并且把口径放大一些。那些匆匆而过的友谊不是真正的友谊，因为这样的友谊不是建立在心灵的基础之上，而是依托于一些不切实际的物质。友谊的本质和自然、道德是一样的，都是永恒的，朴实的。但是，很多人都专注于眼前的一些小利，都想尝一尝甜头。我们忘了，果子的成熟需要一定的时间，是需要酝酿许久的。

有的人寻找朋友的目的并不是神圣的，甚至可以说是自私的，无非是想把一个人占据。这样的做法，是没有任何好处的。在现实中，要想与一个人交往，必须有一个人要选择屈尊和妥协。但是，一旦这样的两个人接近的时候，所有的美好就会刹那间消失。这是多么让人失望的事情啊。即使一个人的道德再高尚，也是不可避免地陷入这样的怪圈。在渐渐交往的过程中，特别是到了交情最深、思想最敏锐的阶段，冷漠和非理性变成了友谊的主题。而这时，我们别无选择，只好重回孤独的时刻。

六月二十三日 到访的陌生人

丰富的情感很容易提升我们的智力。一个学者纹丝不动地在写作，可是当我们读他的文字时，会觉得他的表达全无新意，甚至没有一点独特的见解。可是呢，若是当他给一个许久不见的朋友写信时，他顿时会觉得文思泉涌，美妙的词句一下子涌了出来，文字之间透着灵气，让人觉得津津有味。这其中的差别，就是情感的调动是否足够积极所造成的。再如，如果有陌生人来家中拜访，那些善良和有自尊的家庭往往会觉得恐慌不安，甚至家中的人会手忙脚乱。这个陌生人因为是被引荐来的，每个人在期待的同时，都有一种介于快乐和痛苦之间的情绪，这种情绪只可意会不可言传。不安也罢，忧虑也罢，但每个人总得行动起来。收拾屋子、整理家具和衣帽，然后着手准备饭菜。

因为对这个陌生人不了解，我们只是道听途说了他的一些魅力和优点。也就是说，我们从别人的谈论中坚持以为他是好的，是优秀的，因此是完美的。所以，他成了我们理想化中的人物，我们把他美化了，想象成了一个完美之人。这就是为什么当他来到我们家中的时候，我们在言行举止之上要向他学习。我们尽力在言谈举止上跟他接近。因此，我们一下子变得真诚、高雅起来，这让那些长期交往的朋友感到很吃惊。不过，这种情形很快会消失。随着客人缺点的出现，我们就从理想中走到了现实，原来他无非是和我们一样的人，并没有什么特别之处。这时，陌生的客人就变得不再陌生了。等到他再一次来家中做客时，我们就可以侃侃而谈了。那种高雅、真诚的心灵交流就再也不会出现了。

六月二十四日　交谈未必是交往

很多时候，人与人之间的交往并不是单纯的。而什么时候的交往才是呢？要想达到单纯的交往，就应该让这两个人单独相处，隔绝与其他人或物的联系。但是，要实现这种单纯的交往，两个人之间必须有共鸣的产生。如果产生不了共鸣，这两个人就不会有什么收获，更无法感知彼此的欢乐和内心深处蕴藏的无限的潜能。掌握交谈的技巧固然重要，但交谈只是交谈，它并不是一笔财富，也不是永恒的。它本身的意义远没有那么大。若是不信的话，一个口才再好的人在面对长辈的训斥之时，也会变得哑口无言，沉默不语。因此，只有遇到对的人，遇到愿意交往的人，开口说话才有真正的意义可言。

六月二十五日　友谊的本质

构成友谊的元素很多，其中有一种元素叫柔情。人与人之间是通过各种各样的关系联系起来的，这种关系我们称为纽带。常见的有血缘、自尊、希望、财富、情仇等等，再加上我们生存的环境、环境中的标志以及各种琐事，人与人之间形成了联系。可是，在很多时候，我们不会轻易去相信对方身上会有美好的品质，并且因此不会对我们产生吸引力。是的，我们会给他美好的祝福，我们或许是很单纯，但即使这样，我们会把自我的温柔给他吗？未必如此。因此，如果我把爱给了你，你是幸运的，同时我幸运的目标也会达成。在书本上，很难找到有关于这一问题的探讨，更少有相应的答案，所有的都是一笔带过。不过，有时候，我会突然发现一句让自己久久回味的话。比如，有句话就吸引了我：我只把自己奉献给和我相似的人，这样我们就成为了一个人。爱得越深，奉献的就越少。友谊的产生，不但需要交谈，还需要观察，更需要走下去，一步一个脚印地走下去，最后达到一个较高的境界。我更希望友谊在开始的阶段是平平常常的，然后在慢慢发展的过程中越来越圣洁，就像天使一样。想去鄙视那些普通人，他们把爱当成了一种商品，然后拿着它去交换、去借贷，这是多么可恶的行为啊。在你生病的时候，他对你无微不至地关心；在你行将就木时，他在身边陪着你。这样的关系是多么的崇高和神圣，也是极其微妙的。我知道，在那些市井里的小商人身上找不到神圣的影子，我们对此并不抱任何希望。但是，即使你是一个诗人，如果你过度专注于细节，而把自己的人生过得平平淡淡，不去用丰富传奇的美德来充实自己的人生的话，那也是不容原谅的。友谊就是友谊，应该远离俗气，但也不应该与时髦沾边，更不应与它们联系起来。在生活中，比起来，那些表面寒暄的亲近友好，远远比不上农民之间、小贩之间的那种情谊。前者的情感太张扬，太假惺惺。每次重逢，都要讲排场、摆阔气，这根本是没有必要的。

　　讲了这么多友谊的事情，那么，友谊的最终目的是什么呢？其实，无非是建立一种社交关系。这种关系看似简单，实际上却是各种关系中最严格、最质朴的。归根结底，每个人不过是想在友谊中获得精神的慰藉，希望得到他人对自己的支持和同情。友谊存在于宁静、高雅的生活中，在我们漫步时，它会陪在我们身边。友谊还存在于素常的生活中，即使粗茶淡饭，都不离不弃。它会妙语连珠，也会狂妄不止。对每个人来说，我们要给生活和人生以尊严和勇气，有自己的实际行动（智慧和勇气）让友谊生辉。友谊不应该是单调机械的，它应该是随机应变的、灵动的，而且是敢于创造的。这样的友谊才有韵味，才有智性。

六月二十六日 · 奔放的情感

　　每一次情感的奔放都让人感到非常愉悦，都让人顿时觉得又回到年轻的时候。思想的交锋、情感的交流往往会碰撞出火花，这种滋味是妙不可言的。这时，若有一才华横溢、心怀真诚之人悄然走近，心跳就会骤然加速，那种体验更是美上加美。当我们深深地陶醉在这样的情感之中时，整个世界都会换了一种容颜：只有温暖，没有寒冷；只有光明，没有黑暗；只有快乐，没有悲伤……那些我们爱着的人，用他们身上的光芒把永恒填满。

我们的灵魂已经相信，在无涯的岁月之中，在天地的某个角落，它定能遇到自己的朋友。在相遇的那一刻，它的内心能收获无穷无尽的快乐，并且是充实的。

六月二十七日　什么样的人才配拥有友谊

什么样的人才配拥有友谊呢？在我看来，拥有友谊的人内心一定是善良和高尚的，心胸一定是开朗和宽广的。除此之外，对待他们的命运，这样的人从来都不会干涉。自己的命运终究需要自己去掌控，它不是永恒的，更不要指望用什么办法使其永恒。对待友谊的正确态度就是以一颗虔诚的心去经营，这是最根本的，也是最重要的。我们常说要谨慎地选择朋友，可朋友并不是需要选择的，真正的朋友都是自由组合到一起的，是自行选择的。两个人或多个人的友谊中，最需要的还有一点，那就是懂得相互尊重，这是一个重大的方面。对待朋友要懂得欣赏，就像用心欣赏一幅美景那样。对方肯定有自己的优点，这些优点是你所不具备的。但是，在欣赏的时候不能离得太近，或者对朋友表现出亲昵的动作，否则就相当于你对他不尊重，对他的优点视而不见。留出一定的空间，友谊才能上一个台阶，才能达到一个新的高度。在心灵上，我们要把朋友当作是陌生的，这样我们才会想办法在思想上接近他的高度，才能慢慢向他靠近，向他学习，才能进步。对年轻人来说，友谊是人生的一笔财富，可是很多人都图一时之快，而从不想着在此基础上获取更大的利益。

六月二十八日　友谊的亲和力

人的思想不会无缘无故地中断，在一生中基本上都是连续的。所以，即使世界变化了，我们仍然能够在其中站稳脚跟，而不是让别人觉得自己似乎是从外星甚至过去的一个时代走来的。真正的朋友不需要盛情邀约，他们也会在某个时间准时到来。这所有的一切都是上帝的安排，是上帝对我们的恩赐。在最古老的记载中，权利是明确的。美德与神圣的亲缘关系是天生的。我们在生活中找到各自的朋友，其实不是我，而是我们（包括朋友）一起努力打破了彼此之间的壁垒。这个壁垒是由我们每个人不同的性格、年龄、性别等等构建起来的。打破壁垒的是一种神性的力量，这个力量是强大的。我们平时那些被神所默许的种种行为，在这个时候融合在了一起。我们要感谢那些优秀的人们，因为是他们用自己的行动彰显了世界的高贵和深沉，把思想的意义张扬了出来。那些美好的诗歌，世世代代都在传唱，我不知道自己会不会离它们而去。我没有一点印象，但我却没有丝毫的恐惧之心。我明白我与那些吟诗的人之间是一种纯洁的关系，这种关系是靠人与人之间最简单的亲和力维系的。

每个人的生命都有守护神，我们的守护神在交往方面是擅长的。不管我在哪里，做什么事情，守护神都会用他的亲和力把我与像我这样高贵的人联系到一块，让生命更加高贵。

六月二十九日　勇敢地向朋友告别

很多时候，当我们对友谊的品质要求越高，想要建立真正的友谊就越是困难的。再加上人都是有血有肉的，则会更难。每个人都孤立地在世上行走着，我们对友情充满着渴望，但是对我们来说，那种渴望往往都是虚幻的，不切实际的。但是，因为有一颗诚恳的心，我们还是满怀着希望。我们践行，在世界的某个角落里，我们爱的和爱我们的心灵时时刻刻都在向前，都在行动着。在路上，他们也承受着各种各样的考验，面临着不同的挑战。不过，值得让我们高兴，也让我们感到幸运的是，在年轻的时候身上那些所有的缺点，那些轻狂无知都会消失不见。当我们慢慢长大的时候，就能抱拳相见。低级的人不配拥有友谊，更不能与他们为伍。耳听为虚，眼见为实，亲眼看到的才是真实的，才能听他们的劝告。莫浮躁，浮躁是愚蠢的行为，上帝不会眷顾那些浮躁的灵魂，更不会赐予他们想要的东西。走自己的路，虽然会失去很多，但得到的更多。不要虚伪，亮出自己的心迹，吸引德高望重的人。对他们来说，世间的终生也不过是一些幽魂和幻影。

不要担心友谊在精神层面上的问题，即使再把友谊真实化，它也不会失去真实。不必纠结于各种观点，大自然会说明它正确与否。快乐的失去不可怕，因为我们终究会得到更大的快乐。如果你想享受孤独，那就去享受吧。只有这样，我们才能更加相信自己身上所具有的一切能力。我们选择去旅行，选择去看书，选择跟随别人的脚步。我们以为藏在自己身上的孤独会被经历的一切唤醒，但这是杞人忧天。因为，每个人本来就是一无所有。那么，所有的偶像，所有的崇拜都应该统统抛掉。我们乞讨的生活也要去放弃。

向那些朋友作别吧，在临走的时候，还要对他们说：再见，从今后我不会再依赖你们。他们最后肯定会明白你这句话的含义：分别只是为了在更高的地方相逢，是为了创造更多的属于彼此的东西。

一个人既要能够回忆过往，又要能够看到未来。像孩子一样经历岁月流逝，像先知那样感知将要发生的事情。在朋友中，要做一名伟大的先行者。

六月三十日　友谊的法则是神圣的

友谊的花朵夭折了，因为你的耐心不足。友谊的法则是神圣的，我们要学会遵守。要想和别人成为朋友，就要首先和自己成为朋友。拉丁谚语中有一句话说得好：即使犯了罪，也必须找得到能和自己交谈的罪犯。不过，那样让我们仰慕的人，在开始的时候，我们是无法做到的。但是，根据我的经验来说，毁掉友谊的，往往都是一些小的瑕疵。这样的情况多数发生在冷静的情况下。两个心灵，想和平相处和相互尊重是很难的。要达到这样的地步，两个人在交谈时必须双方都能代表整个世界。否则，是不可能实现的。

七月

人世间的冲突和矛盾，快乐和痛苦，都是能量爆发和释放的体现。想要控制自己的内心不是一件容易的事情，往往只有哲人才能做到。我们很难说精神和物质哪个更重要。但我们知道，物质的富足并不能消除精神上的失落。当困惑的时候，不妨想一想，生命的本质是什么？其实，越接近生命的本真，我们的快乐就会越多。

辑一 能量

七月一日 道心不受约束

不受任何权威制约是一件极其不容易的事情。权威是别人强加的，也可能是从日常生活中积累起来的。道心则是特例，它不受约束，没有杂念，遵从当下的实际，有一种科学的精神寓于道心之中。不过，有科学精神或有科学倾向，并不一定就能说有道心。

当说到道心时，要从人类活动的整体出发，而不是局部。想成为某一类大家，必须不断地训练自己的头脑，但如果只是狭隘地掌握某种技能，则会引发分裂。在当下社会，科学家和医生受到重视，他们得到了名利。但因为头脑的作用，专业技术在狭小的空间里矛盾不断。

在一瞬间，我们可能会看清事物的真相，或有了某种悟性，但这些都是短暂的，无法延续的，超出时间范围的。悟性不是从已知中获得的。假如我们一直在追求某种境界的话，我们就是在时间范畴内活动。这样面对我们而言，就无法体会到一种超越时间的悟性了。

七月二日　能量的消耗

一个人，对内心的探索能到达什么样的程度呢？要回答这个问题，必须了解心智，因为它们有着密切的关联性。心智是一种觉知，暗示着痛苦和纠结以及种种的烦恼。有了烦恼，人要想认真起来，几乎不可能。要想快速消除烦恼，就要认真了解烦恼。

我们对灵性的活动充满热情，比如在智商上挑战自我，用艺术来表达自我等。当然，这是在经济允许的情况下。否则，如果我们只是一味地挣钱，我们的工作和生活就会变得枯燥乏味。因为种种，我们习惯了和大多数人过一样的生活，我们在生活中承担责任和义务，为社会，为家庭。我们常常被困在世界之中，因此有了宗教的出现试图帮忙解决问题，于是我们加入了宗教，或者一有假期就不停地参加聚会。可是，从根本上讲，心智并没有在各种各样的经历中得到转化。

生活中的大多数人都活得很艰辛，我们的精力被各种各样的烦恼和痛苦消耗着。这样的事例很容易在历史上找到的。宗教告诫我们要保持贞操，控制欲望，但是我们的精力正是这样被消耗掉了!但是，沉浸在欲望之中，同样也会消耗精力。我们越是试图控制、否定欲望，我们的心智就会变得越扭曲，在扭曲之中，我们的心态会变得苛刻。看看身边的人，看看能量是怎样消耗的。在这里，我所说的是对性的观念，而不是性行为。我们想得越多，能量消耗越大。因此，对性而言，不管否定还是肯定或者持中间态度，能量的消耗是必然的。

七月三日　真正的哲人

只有和人生的限制拉开一定的距离，我们才能真切地看到这种限制的存在。蹲在井底的青蛙，永远把天和井口当作一样大小。对一个人而言，肉体之身并不会真正限制一个人，限制一个人的是欲望和智力，因此人们常常为此而苦恼。因此，假如我们总是把自己固定在肉体之中，我们也就不知道真正的限制是什么。因此，智慧好像有某种特异功能，它试图把精神自我与肉体自我分开，然后远距离地看清自我，让我明白自己在尘世中的位置以及将来我要走向哪里。

这样说来，哲学家是有特异功能的人，他能自由地把精神与肉体分开，然后在高处静静地观察尘世所发生的一切，看在眼里，记在心里。

什么样的人才算得上哲人？首先哲人必须是人，和我们一样有肉体的人。但更重要的是，他必须能够成为一个神，一个有精神的神。

不要把略知当全知，那是可笑的。伟大的哲学家都认为自己一无所知。但其实，在他们的心中，有神的全知。但他们从来不说，他们明白，其实归根到底，每个人都是无知的。真正的哲人是那些能够承受不完美命运的人。

七月四日　能量是不可抗拒的

　　能量一定和一个人的思想有关联性吗？有没有一种能量，与思想毫无关系呢？有思想的能量常常具有破坏性。人类从事的大多数活动都是有破坏性的。改革、议政、经商等，莫不如此。一套理论若不是成熟的，想要解决相关能量的问题，是不可能的、可笑的。医生面对一个患了急病的人，要第一时间行动起来，而不是去想用什么东西来进行手术。只有洞察自己的真相，一个人才不会成为思想的奴隶。思想是人类伟大发明的前提。但发明并不是创造，仅仅只是发明而已。思想不可能真正创造什么，因为它的行动受到各种各样的限制。想要真正地创造，就必须有一股超越自己思想的能量。

　　提到能量，在概念上和本质上是不同的。想要获得最大的能量，在书本上或他人口中是有很多方法的，但不能把方法和能量混为一谈。

　　打破心中的概念和动机，最极致、最纯粹的能量才会显示出来。这样的能量的获取其实是没有现成的方法可循的。想要弄明白能量的本质，就要对能量的消耗有一个清晰的认识，了解我们在生活中是怎样消耗能量的。说话时，能量被消耗；思考时，能量被消耗；甚至在观察别人时，都要消耗能量。因此，能量的消耗存在于我们活动的时时刻刻。能量是从食物中、阳光中获得的。我们必须从食物中使自己的能量增强，这是生理上的。而与之相对的思想，则会遭到破坏，这种破坏来自于矛盾之中。

七月五日　现象世界和情感世界的转化

　　每个人的情感都具有强大的转化功能。我们看到的世界都是现象性的，会与心灵有距离。但人类的情感可以把这个不熟悉的世界转化成情感世界，从而让我们更加熟悉。反过来，外面的现象世界并不是一成不变的，呆板的，它本身也具有转化功能，这种功能可以从另一个方面来使我们的情感丰富起来，活跃起来。也就是说，现象世界可以对我们的情感世界产生影响，促使作出反应。这样来看，一首诗之所以能够让人们的情感产生共鸣，是因为它是由能刺激人们情感的一个句子，甚至更多的句子来组成的。在思想的激发之中，我们生命的本质元素就被积极地创造出来了。

　　所谓文学，并不是纯粹地去报道事实。事实报道只是提供一些事实，这是没有多少意义的。很多事实我们都是知道的，比如太阳东升西落，水往低处流等等，若整天面对这样的重复报道，我们会觉得乏味无聊。但是，我们会对太阳出来前的那些美丽的景色产生浓厚的兴趣。这是为何呢？因为美景通过情感与我们产生了关系。

　　我们孜孜不倦地追求财富，因为对我们来说，它们是宝贵的。我们追求财富的本质目的则是自我的追求。因为在财富中我们感到了自我的存在，所以才对财富那么的依恋，那么的依依不舍。

　　一个人的自我感受与情感是密不可分的。情感的波动起伏会带来不一样的自我感受。当我们拨动琴弦的时候，若是琴弦太松，我们便只能感觉到稍稍的颤动；而只有琴弦紧绷，乐音才能发出来，我们才能感觉到。

　　就人格而言，我们的人格一旦涉入到科学之中，就显得没有那么重要了。科学毕竟是严谨的，情感做不到去科学分析自然界存在的一切。但是，在这个客观的世界之外，有一个更大的世界存在，是我们能真切感受到的。这时，科学和情感就要同时用上。既要科学分析事物的组成，又要动用情感去感知。因为只有这样，我们自身才能被感知到，才会有存在感。

七月六日　智慧与痛苦亦为能量

愚蠢的人和有智慧的人对待苦难的方式是不同的。后者往往会对苦难保持清醒和敏感。面对苦难，智者看得清清楚楚，但又体会得真真切切。智者更深地理解着苦难，所以他比常人更痛苦。

但是，有智慧的人的视野是开阔的。虽然他遇到的苦难较多，但是正因为开阔的心胸，苦难会被稀释掉，所以从这个意义上而言，苦难也并没有那么严重了。那些平凡的人一遇到苦难就看不清苦难与人生的关系，而智者则不会如此。智者懂得估量苦难，能从全局弄清苦难与人生之间的联系。因此，对他们而言，表象的东西往往就没有那么重要了。

因此，我们可以得出这样的结论：智慧与痛苦之间存在着辩证的关系。智慧让一个人承受痛苦，也让一个人超脱痛苦之上。

人生要想过得聪明点，也就是说想过得有智慧点，必须在执着和超脱之间找到一个平衡的支点。能入能出，对人生的界限看得清楚，保持距离，就能明白哪些东西对我们来说是重要的。

七月七日　矛盾和冲突中的能量

矛盾有内在的，也有外在的，世界上的每个人都活在时时处处都存在的矛盾之中。有矛盾，生活就会觉得艰辛、费力。而只要感觉到了生活的这种艰辛，感觉到了生活是如此的费力，能量就必然会被耗损。人只要遇到矛盾，冲突就会随之而来，于是克服矛盾和冲突是很多人都要做的。我们把这种克服的形式叫作对抗，这种对抗在无形之中制造出了一种能量。

冲突有应不应该之分，人类的一切行动都是在冲突的基础上展开的。不过，生活中有了这样的抗拒和冲突，一种能量也会由此产生。但是，若是你细心观察的时候会发现，这种能量不是平和的，而是有破坏性的，因为这种能量不是创造出来的。所谓的创造力其实是从心中的冲突中产生的。冲突来自于一种欲望的表达，来自我们内心深处。冲突越强，我们表达的欲望就越强。由此，我们的画家才能创造出各种各样伟大的画作，我们的作家才能写出流芳千古的作品。但是，其实这种创造力并不是真正的创造力，而仅仅只是从冲突中产生的。一个人的能量，来自于矛盾之中，我们只有敢于承认矛盾，认识矛盾，我们的能量的施展才能顺畅。

七月八日　对立产生冲突

凡是冲突都必然会浪费精力。一个人，想要走出冲突是一件非常不容易的事情，这与我们从小接受的教导也有关系，因为父母总是告诉我们努力奋斗。从入学开始，"努力"二字便成为加在我们身上的标签，无法撕去。由此，我们的一生都处在一个奋斗的过程之中。为了取得一定的成就，奋斗是必须的。我们必须与邪恶作斗争，必须学会自我控制。所以，整个社会都在以各种方式告诉我们奋斗才是人生的出路。他们说，只有安守戒律，不断地修炼自我，控制好自己的欲望，我们才能发现上帝的存在，才能得到上帝的恩泽。我们总是要在精神层次与某些东西对抗着，但实际上，对抗的这些东西无关精神。

所以，不论从生理上还是心理上，能量的消耗是不间断的。从本质上来讲，能量的消耗其实就是一种冲突，这种冲突是在应不应该之间产生的，二者是一种对立的关系。有对立，冲突不可避免。因此，对于对立双方的过程，我们必须有个清晰的了解：对立确实存在，大小、多少、黑白都是对立的表现。那么，精力耗损的主要原因是什么呢？这一点我们要从概念和事实的差别中寻找。

七月九日　人生需要智慧的能量

优秀和幸福才是每个人一生所要真正追求的东西。而这两样东西的获得都需要智慧的帮助。什么是智慧？很简单，一句话说就是把人生的根本道理弄明白。一个人只有有了智慧，才知道该如何做事，该如何让自己优秀起来。一个真正优秀的人才会分得清人生的主要价值和次要价值。只有明白了自己的追求是什么，想要的是什么，我们才能过得快乐和幸福。

在现代社会，患心理疾病的人越来越多了。病根不在于其他，而是对人生中的一些小事情看不透，纠结于其中。要想保持心理健康，就要拥有一个富有智慧的头脑。很多事情，想明白了，就不会有那么多苦恼了。

站得正，跳得出，此乃人生的大境界。要想站得正，必须跳得出。在局外看透人生，才能放下得失，堂堂正正做人，踏踏实实做事。

要做一个堂堂正正的人，一个有道德的人，但更要做一个懂得适时跳出的人。因为这样的人才是有智慧的。堕落的人是因为他把自己丢尽了一个狭隘的空间里。他看不清世界，挡不住诱惑。正如佛家所说的"无明"那样，是一切罪恶的根源所在。只有经常跳出来全面地看一看人生，看清事物主次，才能分清什么事情是主要的，什么事情是次要的。

但是，我们常常把精明和智慧混为一谈。精明的人往往逃避悲剧，但有智慧的人则会坦然面对。这两类人的差距是很明显的。

人的一生虽然是有限的，若是不找点有意义的事情来做，又怎样能消遣过完这短暂的一生呢？若一个人明白了这些，就可以称得上是智慧的人了。可惜的是，很多人都自以为自己做的事情是有益的。

七月十日　追求实相

一个不知道追求实相的人是不幸的人，是被社会束缚的人。但是，在追求实相的过程中，需要很大的能量。所以我们不禁要问，有没有一种能量而不怕社会的摧毁呢？这种能量用于追求、探索什么是真相，什么是人生。

人是一个能量的集合体，当一个人不再追求实相的时候，能量会把一个人破坏掉。由此一来，社会负担就会加重，因为它必须重新把人塑造，以此使他的精力得到控制。在这样的情况下，能量就会被活活地扼杀了。其实，不知道你有没有发现，当自己真正想做某件事情的时候，能量就会从内心深处升出来。正是由于这股能量，人学会了自制，其他外界的纪律和规则对他来说就没有什么意义了。因为，能量创造做了一种不用于外界的纪律。若人人都自觉地去实相，公民意识和公民素质就会提高。这样，就不需要再依赖政府去制定社会规范了。

七月十一日　物质和精神的关系

物质和精神有时是此消彼长的关系。想要享受物质，就要做出精神的牺牲。人的基本需求有限，主要是温饱，超出之外的就是无限的奢侈了。温饱是生命自然而然的需要，奢侈则不是，它是由外界各种因素刺激而来的。一个人的奢侈是不可能得到满足的，一山总比一山高，这山望着那山高。所以你不得不去花费心思去多多挣钱来满足自我。然而这样就会导致失去自我，就像越来越多的人丢掉了本来的兴趣爱好一样，把挣钱当作唯一的目的。

奢华真的能把生活质量提高吗？未必如此，很可能把生活质量降低。远离了精神，物质让一个人沉醉其中，生活质量就会下降。但有的人却能在富有的同时，保持精神的高尚，这是多么难能可贵的啊。这说明，只有灵魂的高贵才能给一个人带来快乐，才能不让一个人对物质过度迷恋。

那些奢侈的东西，会给精神生活带来麻烦，这种麻烦是不容易消除的。

物质不足以对那些精神专注的人形成强大的诱惑，因为这些人有更多的事情要做，那些物质上的琐事对他们来说不值得去关心，他们在精神王国中享受着生活。一个人，他的精神越丰富，离神的距离就会越近。

精神带给一个人的快乐是无穷尽的，而物质带来的快乐则是极其有限的。所以，真正有智慧的人能够认清物质的特点，从而追求更多的精神满足。

七月十二日　在人生中学会忍耐

人生的路是不平坦的，命运常常会捉弄我们。在这个过程中艰难和困苦并存。当我们不愿做命运的奴隶之时，忍耐是我们必须的选择。只有学会忍耐，才能把痛苦和眼泪抛到一边。

我们虽然选择了忍耐，但并不是全部听从命运的安排。因为懂得忍耐，我们明白了所有的疼痛都是暂时的，风雨之后会有美丽的彩虹出现。

因为忍耐，我们的心灵会感到平衡。忍耐把所有的不快要么消解，要么压抑住，让它们不给生命带来消极的情绪。

忍耐磨炼了意志，让我们在不知不觉中坚强，让我们锲而不舍，激励我们去奋斗，去拼搏。

七月十三日　保持平常心

每个人的能力有限，有些东西我们无法支配。比如，我们不知道机会什么时候来，运气什么时候好。既然如此，就让一切顺其自然就好。

不过，还是有一些东西我们是可以支配的。那就是每个人都可以支配自己的兴趣和爱好，学着去为人处世。当然，我们无法预料结果，那就让结果自然而然地发生吧。

不管什么事情，想着去追求最好是没有错的。比如，我们期待自己的生活是最好的，工作是最好的，朋友是最好的，爱情是最好的。但是，究竟会不会是最好，努力是一方面，还有很多因素在起作用的。所以，只要我们尽力而为了，不管结果如何，我们都可以坦然去接受。人生不是完美的，也不可能完美。所以我们要明白适时向生活妥协，不要和周围的一切过不去，更不要和自己过不去。总是执拗于人生的行为，是无知的，是不明智的。

保持一颗平常心是很重要的，要宠辱不惊，不悲不喜。不能为了一点点名利而沾沾自喜，因为我们本来一无所有，我们每个人都是平凡的，这一切都是上天的恩赐。

七月十四日　贴近自然，贴近生命本身

都说年富力强，所以在年轻的时候，我们总是要不断地给自己设定目标，做更多的事情。这是所谓的入世。但随着年龄的增长，等到中年的时候，要懂得出世，尽量过得洒脱一点，而不是像年轻时那样的积极。

有能力支配自己人生走向的人而非名利双收的人才是有实力的人。有实力的人懂得适时而退，做自己感兴趣的事情，积极享受自己的生命。

一个人在从中年向老年过渡的时候，就要大胆地丢掉所谓的功利之心，取而代之的是善良之心，平常之心，闲适之心。在这个过程中，生命慢慢地回归到本质。如果不是这样，人到老的时候就会变得冷漠自私，甚至自负。

要想过得有意义，并非一定要在历史上留下自己的姓名，让后人知道我曾经存在过。对一个人而言，贴近自然，贴近生命本身的生活就是最好的生活方式。其他的都是次要的。

七月十五日　本真的生命和丰富的心灵

即使再少的物质，智者也会感到满足。不过，就算给予他再多的物质，他也不会满足。这看似矛盾，实则不是。因为真正的智者不关心物质的多少，他们在乎的是精神的满足。

想要判断一个人的素质，只需看他在基本生存需求满足的前提下是物质占主导还是精神占主导。

人最宝贵的有两样东西，第一是生命，第二是心灵。幸福就是能享受到最本真的生命又能拥有丰富的心灵。当然，这是在衣食无忧的前提下说的。生命的本真和心灵的丰富还是需要以物质生活为条件的。每个人的精力有限，关注物质太多，对生命和心灵的关照就会相应地减少。生活要想过得诗意，一定要在超脱物质之上力求简单化。历史上那些伟大的人物就是最好的证明。

七月十六日　失去是人生的题中之义

人生在世，得失是在所难免的。得到是幸运，失去也属于正常。甚至有时失去更接近生命的本质，因为生命的失去是必然的。生命不在，一切都无从谈起。生命中的一切意外，看似偶然，却也是人生的课题之一。因此，不管遇到什么，都要有勇气学会去承担，去面对。所有的挫折和失败，都是人生再普通不过的遭遇。因此，习惯失去的人才是真正的觉悟者。一个为了得到拼尽全力，努力进取，但若是容不得失去，这样的人其实是脆弱的，一遇到大的挫折就会气馁，垂头丧气，不堪一击。

七月十七日　失去未必是一种损失

　　握在自己手里的东西未必是自己的，失去未必是一种损失。世界上的万事万物都是变化着的，谁也不能说哪一样东西是真正属于自己的。活着的时候得到一切，死去又把一切归还。人这一辈子就是这样的一个循环。如果明白了这样一个道理，在死亡来临时就能坦然面对。不过，从另一个层次来讲，拥有的东西不会失去，只要你有一颗善于接受的心灵。

　　人生得得失失，直到最后失去自己。那么，连自己都要失去，我们又何必把得失看得那么重要呢？因此，只要我们还健在，都不应该为那些附加在我们身上的外物的失去而难过。假如你难过了，说明你还是在乎了。否则，把它们看得一文不值，我们就不会受到什么伤害了。

七月十八日　悲剧可以转化为快乐

　　没有得到想要的东西和得到了想要的东西，其实都是悲剧。那些把人生的悲剧轻描淡写的人是把人生建立在占有的基础之上的。所以当得到满足时，他们会觉得无聊；得不到满足时，他们会痛苦。因此，悲剧总会发生。但是，假如我们换一个角度，以审美的方式去看待人生的话，其实人生也是快乐的。因为为了得到某种东西，我们必须去寻求，这个过程充满了创造，是快乐的；如果得到了某种想要的东西，我们可以尽情品味这个东西带给我们的美好的体验，也是愉悦的。

七月十九日　生命要懂得取舍

每个人都可能做一些不愿意做的事情，并且我们也会求别人帮忙。但是，只要我们约束着自己的贪欲，就可以最大限度地减少那些违心之事。在这个过程中，我们其实并不会损失什么，相反还能受益匪浅，收获很多。因为我们的心情会因此好很多，我们可以做更多感兴趣的事情，把时间更多地用来陪伴自己喜欢的人。这简单的生活体现了生命疆域的宽阔无边。

我们觉得自己拥有的许多东西是必不可少的，都是有用的。但是，当我们没有一个很大的空间来存放这些东西时，我们必须学会取舍。到最后，我们发现其实自己真正需要的东西很少很少，因此，就算以后我们的生活空间大了，也可以只摆放一些必需品来给自己留下自由活动的大空间。

我们觉得我们要做的事情有那么多，把日程表排得满满的。但如果医生告诉我们自己的生命即将走到尽头，我们还可以再做一件事情的时候，我们就能找到最重要的了。因此，在生活中，要剔除那些不必做的事情，把重要的事情做好，然后给自己留足自由的时间来享受生活。

七月二十日　习惯失去

世人都想占有人生，都想从人生中获得最大的益处。但是，人生是无法占有的。人生只是上帝借给我们的一段时光，到特定的时候是要归还的。既然如此，就要学会品味人生，品味生活，保持一颗闲适之心。得失于我们来讲，都不值得一提。

我们都想得到，没有人愿意失去，因为承受不了失去的痛苦。得到生命以后，从父母、从爱人、从社会那里我们又得到了很多：爱、玩具、孩子、配偶、知识等等。此外，还有那些功名利禄都是我们得到的。

　　得失是统一的，在得到的时候，失去也是不可避免的。在通常情况下，我们会把得到当作正常的，把失去当作不应该的。一旦失去，内心就会沮丧，就要重整旗鼓继续为得到而努力拼搏。我们理所当然地认为，我们应该用得到来描出人生，不应该出现失去的败笔。失去对我们来说，是不能接受的，也是无法原谅的。

七月二十一日　三只狗的对话

不远处的草坪上，有三只小狗在悠闲地晒着太阳聊着天。

A狗说："现在的生活很不错，我们可以在世界上的各个角落自由奔跑，自由游荡。人们为了让我们过得舒适，为我们发明了很多好玩的东西，我们真幸福。"

B狗说道："现在的我们对艺术有了更深的理解。瞧我们叫的是那么的有节奏，那么的悦耳动听。再看我们的面容，是那么的美丽干净。"

C狗听了说："对我来说，我还是希望我们的生活是安宁的，我们之间能够相互理解，其他的都是次要的。"

三只狗正聊得火热之时，它们看到了有人拿着工具要来捉它们。于是，它们跳起来狂奔而走。C狗边跑边说："文明的人类要置我们于死地，唯有逃命才是我们的选择。"

七月二十二日　关注暴力

暴力往往让人觉得可怕。但是，你有没有尝试着把自己的精力全都用在思考暴力上呢？如果你这样做了，接下来会出现什么呢？暴力行为的产生，可能由于信仰的问题，也可能是对某件事情局限的认识。除此之外，因为担心自己的安全，不满社会的制约，也会产生暴力。在生活中，可能很少有人这么做，他们很少去在暴力上花时间去认真思考。假如你不曾这样做过，如果去尝试的话，会有什么变化发生呢？请问，何为投入精力？这个不容易解释清楚。但是，当投入全部精力时，一种关怀之情就会从心中产生。这种关怀与爱，与热情密不可分。试问，如果投入精力在暴力上的时候，是不是还会存在暴力？对于暴力，我们经常的做法是一味地谴责或不停地逃避，或者另外的办法就是把暴力变得看起来是合理的，把它当作是自然发生的。然后，我们可以说，这些态度都显得不重视暴力，是一种忽略暴力的行为。当我们把自己的精力投入到暴力上时，爱和热情就会占据内心，暴力就找不到容身的地方了。

七月二十三日　暴力是怎样形成的

暴力是怎样形成的？在我看来，暴力形成的主要原因是每个人都在寻求心理上的安全感，在不断的寻求中，暴力就产生了。在内心深处，我们每个人都有一种对安全感的渴望。不过，这种渴望是通过外在的方式投射出来的，各种各样的追求就是其形式。我们在内心深处想占有某个人，所以才选择了婚姻，并以契约的形式确定下来，这给了我们安全感。假如婚姻出现了危机，一种寻求安全感的暴力就会产生。不过，要说的是，安全感本来就是一个很虚幻的东西，事实上是根本不存在于世间的。即使我们再渴望，再努力寻找，都是不可能找到的。想要永恒的安全保障是不可能的。

就是这样才造成了暴力的普遍存在。因此，看看这个世界上发生的事情就可以了，没必要用自己的学问去分析那么多。在观察之中，你会发现，这个冷漠无情的世界，其实都是每个人内心深处的暴力造成的。

七月二十四日　做出的判断要公正无误

在愚昧和妄想充斥的环境中生活的人们必定会受到欺骗。同理，不是别人，而是我们经常自己骗自己。这不难理解，世上的东西都是这样，不在此处，就在别处。不管我们如何争论不休，裁判总会默默地给出答案。诚信在契约的保护下没有得到毁灭，而这契约得益于灵魂与它站在了一起。这灵魂来自自然，来自事物本身。

从根本意义上讲，暴君与乌合之众之间并没有什么大的差别。乌合之众是疯狂的，他们是没有理智的。他们以正义之名干着不道德的勾当，毁灭着别人的家庭，让别人妻离子散；夺去了别人的财产，让别人一贫如洗。他们这样做，只是为了满足个人的私欲。因此，我们要把自己的尊敬之情，献给那些殉道之人。

对一个人来说，在社会上生存，就要保持清醒的头脑，把一切考虑得相对周全。这样，他才能意识到真理的存在，并且当真理来临时，做出的行为和判断才是公正无误的。

七月二十五日　暴力是事实

停止暴力是很重要的，但是该如何做才能从暴力中解脱出来呢？当然，这种解脱不是外在的，而是内在的，彻底的。我们曾想用非暴力的方式解脱，但如果起不到应有的作用呢？或者我们再想到一种办法：找到暴力产生的原因。这样能把暴力消解吗？

这个问题才是最重要的。看，这个世界没有一天停止过暴力和战争。再看这个社会，构架上都刻着"暴力"的名字。这样的话，想要彻底跳出暴力，又不让自己以自我为中心，确实不是一件容易的事情。

我的问题，你明白吗？什么是自我为中心呢？意思就是我试图把暴力转化成非暴力，于是这种想法就是以自我为中心。在这个时候，为了得到某种东西，我总是想要排除手里的这个东西。如果我清楚地明白了摆脱暴力的重要性，我又会怎么做呢？既然暴力对我们来说是个真相，那么我们就没有必要为了让其变成非暴力而绞尽脑汁，因为那是毫无益处的。理解暴力，才能消解暴力。

七月二十六日　你便是世界

这个世界会好吗？会和平吗？你的祈求有用吗？我无法给你答案。但是我知道只要你在不断地寻求安全感，不断地对某种东西充满欲望，你的内心就根本不可能到达平和的状态。想要内心平和，就要找出造成自己内心不安和痛苦的根源，然后再想办法去消解。不过，可惜的是，在生活中，勤奋的人并不多，很少有人愿意去亲自了解自己，这是多么自欺欺人的行为啊。不要指望别人去帮你解决问题，那是不可能的。问题不解决，内心的平和就永远是个梦。你的内心就是你外在世界的反映，你的内心有矛盾，那么世界肯定也会有冲突。因此，想要天下太平，世界和平，首先要把自己的心修好，让自己的内心平和而安静。你便是你的世界，没有人能真正帮助你。

七月二十七日　审慎的态度

我们的祖辈，造出了世界的恨意。所以，我们可以说，无明是于我们诞生之前就存在着的。进一步讲，因为人类的愚昧，恨意才延承了下来。从祖辈那里，我们承袭下了恐惧和仇恨。只要我们一日走不出来，世界的恨意就会不断地增长。如果你想要把这股恨意毁掉，首先要把自己内心的恨意平息掉，也就是说解脱出来。只要我们不走出来，世界的恐惧就不会停下来。我们每个人和世界都是融合在一起的，是不可分开的，这个世界正是由一个个的个人创造并复制过来的。我们知道，世界上有很多国家，每个国家都有自己的制度和规范，但是制度和规范的真正实施和运行离不开每一个人。这样说来，一个集体的恐惧和贪婪是由个体造成的，合成的。因此，只有每个人想着去转变自我，克服恐惧，这个社会才会平和，天下才会太平。在这之中，我们每个人都需要一种审慎的态度，并用这种精神挖掘出苦痛的根源，这个世界才能好起来。

七月二十八日　正确看待暴力的存在

人本身就是动物，所以和动物一样充满暴力，这是再正常不过的了。对人类来说，很多的暴力倾向其实早就存在了。如追名逐利、嫉妒、恨、攻击等，都是属于暴力的形式。正是人内心深处的暴力的存在，世界上才会有一次又一次战争的发生。因为战争来自于冲突，冲突来自内心深处。同时，战争越来越向非暴力的形态过渡。反过来讲，只要有战争，我们每个人就不可能从暴力中解脱出来。人世间真实的状态就是暴力，所以不要再去想着用非暴力的方式解决问题，否则只会让矛盾激化，让冲突升级。暴力是难以解决的，如果你想要用所谓修炼来消除暴力，可能性是不大的，并且会有更多的矛盾和冲突产生。

所以，要确信心中有暴力，而非向非暴力转化。面对暴力，要把它当作首次相遇，不解释，不克制，随它去。就像我们不带任何感情色彩去看待一朵花那样去看待暴力就可以了。在暴力面前，单纯也是一种很好的处理方式。

七月二十九日　不与愤怒对抗

在遇到问题之时，我们越是想着对抗，结果却变成了自己反对的那个状态。如果一个人用生气对抗你的愤怒，结果往往更糟。我们用恶言恶语面对他人的时候，也就意味着自己也会跟着变得邪恶，再说正义就会让人觉得可笑。以暴力对抗暴力的事情从古到今比比皆是，结果只是把人变得更加暴力，解决不了问题。因此，我们应该寻找其他方法来解决人们之间的仇恨。不论什么时候都要记得，如果做事情的手段是错的，那么结果一定不会正确。

对于愤怒，我们不能用暴力的手段来克服，而应去了解它。只有了解造成愤怒的诸多原因，我们才有可能从愤怒中脱离出来。极端的做法不能抑制每个人心中的仇恨，那么正确的做法是什么呢？查找原因并且不用各种方法助长这份敌意。要这样做是很难的，必须有足够的毅力，要不断地反思、关照自我。我们要明白，周围出现的敌人是我们不良思想和行动带来的恶果。因此，我们要树立正确的思想，停止对抗，与敌人握手言和。

一个人只有深入内心，而且要十分细致才能获得真正的喜悦，这份喜悦非物质能带来的。喜悦是每个人必须了解的东西，否则人生就会过得平淡无奇，出生、受苦、死去。

七月三十日　解脱暴力

暴力有内在的和外在的，想要解脱，应该学会聆听，明白在聆听和行动之间是有一定的距离存在的。当我们没有形成或者说不让自己形成有暴力意识的观念时，我们就不会对时间产生概念，自然就摆脱暴力，不会陷入暴力之中。当然，这并不是靠嘴说说就可以的，我们要具备深厚的观察能力。想一想自己的生活中，有真正聆听过什么东西吗？在聆听时，我们内心深处的暴力和意识形态控制着我们的思维。因此，可以说，我们并没有与暴力接触，更不用说直面暴力了。暴力这个事实，是我们透过意识形态来看的，但却有时间的间隔。当认为时间是确实存在的时候，暴力就不会消失。虽然口口声声说着非暴力，但却在行为上表现出了暴力。

七月三十一日　止息暴力可能吗

当我们谈论暴力时，会发现关于暴力的一个问题十分有趣，那就是人类社会会不会有一天没有暴力的存在呢？也就是说在我们生活中暴力一下子就停了下来。佛教经常告诫我们不要杀生，但是动物是有生命的，植物也有啊。如果什么都不杀，人类还怎么能活下来呢？所以，我们不能把什么事情都做得极端，中间要划定个界限。但是，该怎么划定界限呢？划定界限的标准是什么呢？很多疑问就会产生。还有就是，我们正在探讨的是哪个层次的暴力呢？人类究竟有没有可能从暴力中彻底解脱出来，而不是只从一部分暴力中得到解脱呢？

虽然人类已经进化了数万年，但并没有彻底完全地摆脱动物性。因此，该怎么来解决暴力呢？是从外在还是内在呢？或者说，不管是丑陋的暴力还是恐怖的暴力，要止息它们，到底有没有可能性？

秋

净下心来生活

却道天凉好个秋。

秋天的凉爽，给了心一个干净、安静的空间。

在这个空间里，我们可以自由思考，

思考人生的大智慧，思考世间的小欢乐。

你要相信，你所经历的一切都不是徒劳的，

都不是毫无用处的，

终有一天它会让你的生命因此而灼灼生辉。

八月

当心净下来的时候，我们就能明白：快乐和痛苦都是人生中再正常不过的事情，都是无关紧要的。由此，不管我们在享受事情带给我们的喜悦还是正处于悲伤的境地之中，都不值得沾沾自喜或痛不欲生。重要的是，不管外界如何变化，我们都要保持灵魂的高贵，让美德长存于自己身上。

辑一　快乐

八月一日　快乐和美德

美德可以避免困难和麻烦的发生，但快乐是不能的。想要获得快乐，必须承受这一路的艰辛，流汗、流泪甚至流血。但这种快乐往往是短暂的，容易饱和的。快乐在饱和之后，在达到某一种程度时，就会发生转变，成了受罪。别以为苦难是人生的调味品，可以激励我们前行。否则，就是大错特错了。也别以为快乐会把美德压下去，让美德变得高不可攀。所有的困难只能使快乐变得神圣高尚、刺激强烈。

那些不知道付出和收获的妙用的人们，是得不到真正的快乐的。同时，总把痛苦说得苦不堪言的人，他到底想要表达什么呢？快乐是无法真正地拥有的，别试图用一切手段去获取。但追求快乐本身就是一件好玩的事情，难道不是吗？

快乐与幸福之中都有美德的存在，从头到尾都有。美德让我们把死亡看清，让人生充满淡定和宁静，变得多姿多彩、晶莹可爱。如果快乐之中没有这些，那快乐的光泽就会越来越暗。

八月二日　灵魂是一只空杯子

我来自偶然，像一粒尘埃。但是，世间的一切，特别是精神的本质正因为我的存在才变得崇高和伟大。偶然是有价值存在的，精神正因为这偶然而变得灼灼生辉，光芒四射。

人的灵魂是一只空空的杯子。有的人把它用净水充满，这些人是圣人；有的人用大地的佳酿把它充满，这些人是诗人；有的人在其中充满了完美的琼液，这些人就成了哲学家。灵魂中盛的东西不同，人就变得千差万别。

八月三日　快乐没有载体

我们常常是通过东西和观念来追求快乐的。因此，与快乐比起来，它们就变得更重要了。别不信，在生活中，这确实是个事实。想一想，你是不是通过财富名利来获得快乐呢？是不是觉得这些东西远比快乐重要呢？如果一个人只是通过某些手段来得到快乐，那么最终这种快乐会被这个手段所毁掉。身外之物都是变化无常的，它们能给我们快乐，也能让我们觉得不快乐！等到东西毁坏的时候，快乐也就失去了。观念并不是永恒的，常常也会变化。当快乐失去的时候，痛苦就会常伴我们左右。

要想真正地快乐，就要努力发现快乐的真谛，不断地认识自我。只要有一滴水的存在，就能形成河流。因此河流没有真正的源头。所以那些试图想找到快乐的源头的人，最终都会发现自己的错误。要想找到快乐，把自己当成一滴水，汇入自己的河流吧。

八月四日 快乐不能独占

不管我们的生活方式如何变化，也不管我们的思想怎么转变，"我"都不曾变，都在另外的一个世界里活动着，快乐着，风雅着。然而，最大的快乐是在这一切都停止之后获得的。这种快乐是一种纯粹的喜悦，是极其难得的。我们的心，只有超越了自我思维，快乐才无法被染指，所谓的经验者和观察者就会消失不见。追求快乐本没有什么错，但别想着快乐是永恒的，也别希望快乐能延续下去。只要抱有这样的心态，我们就会慢慢变得腐化不堪。

在熟悉自己的人生历程时能不去在乎对错，也不去判断对错，那么，这时，你就能收获一种全新的快乐，这种快乐是与众不同的。但是，也别想着独占这种快乐，否则，快乐就不是那么明朗了。同样来说，如果快乐是建立在痛苦之上，或者建立在碌碌无为之上的话，你所追求的快乐无非只是一种反应。快乐不是来自于一个人的心智活动。若明白了这点，就应该停下追逐的脚步了。

八月五日　喜悦来自内心

人生是用来享受的，但真正懂得享受人生的人其实并不多。看到自然界的美景，如朝霞满天，白云朵朵，鸟儿高飞……但遗憾的是，我们并未从中获得大的喜悦之感，而是错把一点点的兴奋当作喜悦。殊不知，喜悦远远要比兴奋深刻得多，需要我们更深入地了解。

随着一个人的年龄增长，对享受的渴望越来越强。可是，那些美好的时光已经一去不复返了。怎么办呢？我们开始执着于权势和肉欲。本来，这也是无可厚非的事情，不需要谴责，也不需要想办法把一切合理化，只要摆正位置即可。否则，假如你认为这一切都是没有价值的话，就等于在否定自己的全部人生历程。

只有深入自己的内心，才能认识喜悦。一个人的内心只有做到精致，才能体会喜悦。

八月六日　自由之心是单纯的

安静的心更容易变通，也更容易活跃，又不会特别关注某种东西。但这个状态是好的，因为不会受到书本知识和经验的约束，在认识真相的时候更能感知。因为心在此刻的洞察力是超常的，超越时间的。一颗心，只有深入了解时间的整个过程之后才能变得安静。不过，这颗心要时刻保持警醒。

在认识自由时，我们要认识得全面才行。不管自由与我们，与周围的事物有没有对待关系，都应该在我们认识的范畴中。一颗心从一种事物中解脱出来之后，并没有获得自由，也并不是真正的自由，不过是一种自由的反应而已。越是追求自由，越是不能获得自由，而只有感觉真实之心，才能获得真正的自由。自由与时间无关，不管它存在了多久，都是年轻的，单纯的。因为一颗单纯之心才能看到事物之中潜藏的真相。

八月七日　快乐求之不得

对于快乐的定义因人而异。得到你想要的东西会开心，办成你想办的事情会高兴，成为你想成为的人会心满意足。但如果这些都没有如你所愿的话，你肯定不会觉得快乐。因此，在你眼中，快乐的定义仅仅就只是这样的。因为你关心的就只是这些东西罢了。

不论一个人是贫穷还是富有，都想从某些地方获取一些东西。如果求之不得，就会一脸苦相，郁郁不乐。当然，追求想要的东西并没有错，这也不是问题所在。那么，快乐究竟是什么？它是我们能用自己的意识感觉到的吗？如果我们能感觉到的那种感觉，是快乐吗？或者说，当我们意识到自己快乐的时候，会不会顿时就会觉得自己不快乐了呢？其实，快乐是求之不得的，它只会在某个不确定的时刻自然降临。因此，我们不必刻意去追求。

八月八日　熄灭快感

看到美好的东西我们就会产生愉悦，这种反应没什么不对的。但是，在我看来，这也正是困惑和不幸的开始。当一切美好变成记忆的时候，我们就开始试图重复这种记忆，从中获得快感。正是如此，在我们不断的重复之中，快感迷惑了我们的内心，由此真相就被掩盖了。对我们而言，要了解快感的本质和内容而非消除。

　　试着去熄灭快感会怎么样呢？除了自杀之外，死亡都是属于一种非自愿的行为。因此，在一个轻松的情况下，你有没有试着去熄灭快感呢？你肯定没有，因为它对你来说是有意义的。一个人若是以轻松自在的态度首先把一些小的快感舍弃掉，很是难能可贵的。其实一个人的内心还是能把记忆毁灭的。人心若是不能舍弃已知，就永远无法成为一种新的东西，不能得到升华。

　　只有保持年轻，才能看到心理活动的真相。因为年轻，我们可以把现在的一切都舍弃，这并不是一件难事。只要在舍弃的时候，在自己的潜意识之中播下种子，不久以后就能收获新知。

八月九日　快乐是无法被发现的感觉

　　快乐永远无法被头脑发现。即使你可以察觉到自己的感觉，也无法发现快乐的存在。快乐不会消失，结束的往往都是人的一些感觉。老旧的是记忆，记忆中有情绪，但是，这种情绪并不是快乐。

　　就现在的你来说，你所了解的东西都是旧的。那么，在老旧的东西之中，我们能找到快乐的踪迹吗？若是能，这种快乐便不纯粹，不是真正的了。因为当我们去分辨快乐的时候，只是记忆在起着作用，是一种反应。但是，如果记忆复杂了，快乐还会有吗？而分辨快乐这件事情本身就会阻止我们获得快乐。当我们感觉到快乐的时候，我们就无法得知快乐是不是还在了。然而真正的快乐我们能够感知吗？快乐并不是一个人记忆的产物，它们两者之间没有什么关系。我们的思想从记忆中产生，即使这种思想是低层次的，也会助长冲突。一个人的思想是在受到外物的刺激时产生的感觉，但是，快乐不同于思想，是无法追求到的。

八月十日　快乐还是满足

　　人的一生到底想要什么东西呢？又在努力寻找什么呢？从表面来看，我们看起来是在寻找一种感觉，这种感觉是祥和的，快乐的，是我们的避难所。所以，对每个人来说，要弄清楚自己人生的目的以及一直寻找的东西，这是很重要的。在这个浮躁的社会之中，几乎每个人都在寻找心安的感觉，这种感觉让我们在纷扰的世界里心平气和。在我看来，大部分人的想法都是这样的。在生命的历程中，我们一直不停地追求着，寻找一种精神的寄托。

　　可是，我们苦苦追寻的究竟是不是快乐呢？难道只是一种自我满足？快乐和满足有着很大的不同。我们可以从某种东西上获得满足，但你却不能求得快乐。我们是该好好考虑一下我们想要的是快乐还是满足了，这个问题有必要弄清楚。

辑二 哀伤

八月十一日　思念之痛

对幸福的信心，或许只需要那来自远方的一瞥。除此，再不必过多。我们心头的阴云，会因为一次不期而至的相遇消散不见。

来来往往，聚聚散散是人生常见的事情，不免让人为此叹息不断。但是，莫把离散当作平常，一别之后，再见就遥遥无期。别时青春年少，再见已是白发苍苍。岁月的流逝就是这样无声无息。

花谢花会开，月缺又月圆。但是人生不同，一别之后，能否再见就是一个未知数。因为命运是难以捉摸的，是变化无常的，所以我们的牵挂也随之不断。

离别的时刻是痛苦的，那些曾有的记忆从今以后只有一个人独自回味。相见的人却永远在远方不可触摸。思念是一种折磨，越想越让人觉得断肠。这种滋味，无法形容，只可意会不可言传。

思念很长，但写出来却很短。辗转反侧，彻夜难眠。伴随着四季的变化，思念的滋味也是各有不同。

八月十二日　崇高的灵魂

首先把自己当人看，才能把别人当人看；首先懂得自尊，才能懂得尊重他人。

面对别人的污蔑，自卫能力不强的人大部分都是有精神洁癖的人。因为这类人怕防人之心会玷污自己的精神，所以平时不会防备他人。于是，当污水泼来，他虽然心存厌恶，但只能忍受。

崇高的人往往容易上当受骗，并且受骗之后只会鄙夷，而不会惩罚，而那些奸诈的人则懂得从骗局中逃脱，并且游刃有余。

崇高的灵魂常常犯这样的错误。根源在于他们总是选择轻信别人的话、宽容不友好之人。他们觉得人性善良，不相信会有如此的邪恶。之所以宽容，是因为他们追求精神的圣洁，不愿意与奸诈之人同流合污，不愿意因为他们的行为让自己的心境受到破坏。

当然，我们不能就此以为崇高的灵魂是没有足够的战斗力的。只是他们觉得平时的侵犯都算不上什么严重的事情。他们的战斗力只在更大的场景、更重要的事情上体现。比如，若侵犯了正义，他们就会突然站起来与你斗争，这种精神和意志是常人无法企及的。

八月十三日　不可思议的人生

那个充满哲思和文学气息的我突然就经历了另一个人生。这是为什么呢？因为你的怦然心动把那个我激发了出来。

人生的很多事情看似平常，就像很多人的经历大都一样。但是，当你心平气和地用心思考时，你会发现人生其实很多事情我们是无法理解的。比如以下两种情形。

第一，本来陌生的两个人突然就走到了一起，慢慢地熟悉起来，渐渐地变得不可分离。

第二，一直生活在一起的两个人突然就变得陌生，然后分离，最后彼此都没有了各自的消息。

你是不是觉得挺不可思议的？

苏轼曾经为自己的亡妻写了一首词，在词中抒发了自己的苦痛和对妻子的无比思念。这首词虽然是苏轼写给妻子的，但却能表现每一个失去亲人的人的心情。

不管曾经有多么相爱，一旦生死诀别，我们就处在了两个不同的世界，就相互不知道对方的消息了。活着的人仍然活着，但对逝去的人的思念从来都不会停止。这滋味到底该向谁诉说，谁又能了解呢？我在人世，你在黄泉，我们之间永远再也不会有交集，我再也触摸不到你的身影。就这样陷入了绝望的境地，最终变得沉默不语，日复一日，年复一年，依此延续下去。

八月十四日　人之高贵在于灵魂

在当下，真高贵是一种稀缺的资源。我们看到的豪宅名车、权势名利都无非是打着高贵的名号，浮夸招摇罢了。这种高贵都是虚假的，不值得仰慕的。

人之高贵在于灵魂的高贵，而非其他外在的东西。一个真正高贵的人可以拥有权力和财富，但若只以这些来衡量自我，那就大大低估了自己的价值了，灵魂就会陷入无尽的空虚之中。

现在的时代，是一个混乱的时代。很多人已经学会了表演和作秀，政治家的正义和仁慈就是其中一例。不知从什么时候起，娱乐已经占据精神的上风，人们都争先恐后地把严肃的事情娱乐化，把正义的事业娱乐化。如果娱乐不了，他们就想办法来戏弄严肃，戏弄正义。我们成了长舌妇，对自己的行为越来越不负责任了。

面对幸与不幸，人们议论纷纷。别人不幸之时，我们假装叹息，以表善良之心；别人幸运时，我们却在一旁说三道四，以证明自己是正直之人。同情和嫉妒成了一种丑恶的德行。人人都成了演员，已经难辨真伪了。

八月十五日　渺小的心

一颗热情的心是年轻的，是在不断学习之中的，是不接受任何陈旧的观念的。

关键是这样的心该如何产生？首先可以确定的是这颗心不能是渺小的。因为渺小的心有了热情之后会把所有的事情都变得渺小。渺小的心要想产生热情，就应该在面临琐碎的事情时什么都不去做。心若是不自由的，再有热情也是渺小的。即使这颗心推动了科技的进步，仍不能改变其渺小的本质特征，那些认为自己只有在热情时才能做更有意义的事情的人的心也是渺小的。渺小的心会愤怒，也会有激情，但世界的大改变并不是一次小小的改革就能实现的。明白了这些，小小的心就能得到一个较大的转变。

然而，已经很少有人再继续保持这份热情了。在年轻的时候，我们有着很多宏大的愿望，比如过上流的生活，拥有一份伟大的事业等等。但是，在社会之中，我们的热情被种种因素压制住了。无可奈何，我们必须舍去热情去适应社会，成为社会里普通的一员。

八月十六日　悲剧和喜剧

英雄的毁灭和弱者的毁灭都是悲剧。但不同的是，英雄倒在了战场上，弱者倒在了屠宰场上。按照常理，人们可能会对弱者不屑。但其实，殊不知，英雄也有死在屠宰场上的时候。于是，英雄之死就成了悲剧中的悲剧，这才是最大的悲哀。

悲剧和喜剧到底哪个是可怜的，哪个是恐怖的，这其中并没有准确的说法，也不能一概而论。在不同的情况下，是可以转化的。悲剧不一定恐怖，喜剧也未必可怜。

人们对那些经常办蠢事的人往往比较放心。在人们对你干的愚蠢的事情放心之后，你办了一件聪明的事情。人们刚要看清这件事的时候，你赶紧再办一些蠢事，人们就又会对你放心了。这样的情况的出现，到底是悲剧还是喜剧呢？

八月十七日　所站的地方是人生的起点

当我们生存的环境遭到巨大的破坏（一些自然灾害或战争等）之后，当我们变得一无所有之后，我们往往会有一种被掏空的感觉。当遇到这样的情况，我们只有从头再来。而这时，我们应当保持一颗健康之心，把曾经所得到的一切全都忘掉，就像当初一无所有地来到世上一样。别一个人坐在那里不知所措，也别黯然神伤，而要勇敢地行动起来，向前走去。不论什么时候，你都要记着，你站立的地方永远是你生活的起点，带着自己那颗勇敢之心走下去。

这种境界一般人是很难达到的，我也不例外。这种境界是无牵无挂的，只有大觉大悟和没心没肺之人才能做到，而我刚好处在中间的位置。

八月十八日　痛苦和我密不可分

之所以产生痛苦，是因为心受到了震惊。震惊之后，心就会想着安宁，又回到常规的生活之中。当我们遭遇变故的时候，心就会有大的波动，此时安定下来肯定是它的首要任务。之后，这颗心就会重新寻找一种新的东西，如工作、观念等。可是，又会有不幸发生，心又要继续去寻找。不过，这样做是没有作用的，冲动是无法带给我们帮助的。冲动是无名的产物，不管它多么的隐蔽。想要跳出，就必须了解本质，认清真相。

在痛苦的时候，我们到底发生了什么？其实痛苦和我并不是分开的，只是我的一部分。也就是说，我全部的个体都在受着苦。但这也是好事，我能以此察觉到痛苦的动向。我着重在强调我了，而不是爱的人。其实，爱的人只是在掩饰着我的不幸。我更愿意他能看到我的不足，想办法来弥补。没有他，我又算得了什么呢？

宗教里有很多教义来帮我逃避事情的真相。我常常会想，为何要否认，好好相处的话不也是一件乐事吗？在看到痛苦的时候，我的状态是怎样的呢？

八月十九日　体验痛苦

当我们观察事物时，如果是以一颗兴趣之心，利用自然法则去看的话，痛苦以及治疗痛苦的欲望就会消失不见。一切外在的痛苦都会让我们与痛苦本身产生虚构出来的对待关系。当我知道自己是痛苦并正视痛苦时，事情的意义就会发生改变，就能体会和认识痛苦了。没有了恐惧，就无所谓痛苦。

痛苦是每个人都有的。想要认识痛苦就要分析它，全方位了解它，你有很多的选择，读书、上网、向别人请教等都是可以的。不知不觉你就会慢慢地认识痛苦了。不过，我想说的是怎样才能把当下的痛苦止息，靠知识是不行的。我们应该觉知痛苦的所有，不逃避痛苦，正确地看待它，与它相处。

我们对一座美丽的山习以为常了。它虽然很美，但人们往往只说一句"很美"，然后转身离开。不论美丑，要想对事物保持新鲜感，是需要巨大的能量的，这种能量让自己的心时时保持敏感，对事物充满热情。对于痛苦，不要习以为常，我们要了解它，与它好好相处。不要深入研究痛苦，只去体验它就好。

八月二十日　与痛苦建立亲密关系

很少有人直接与东西交流，甚至和自己最亲近的人都没有过。但是，如果想要了解痛苦，就应该关注痛苦并与之建立起某种关系。

想了解身边的人，就必须亲近他们。但是不能怀有某种偏见，而应该是客观公正的，不带有色眼镜的。当我把精力用到你身上的时候，我必须在你身上付出爱。

对痛苦来说，想要了解痛苦，建立关系是必须的。但关系的建立不是建立在一套又一套的理论上、一个又一个的观念上。心存杂念之人，是不能建立与痛苦的亲密关系的。所以，因为有了各种各样的念头，我与痛苦交往起来非常困难，它们一直在试图阻止我。要想亲近痛苦，了解痛苦是前提条件。

辑三 痛苦

八月二十一日　痛苦不容逃避

在他人痛苦之时，我们没有伸出援助之手，这是为什么呢？我们为什么会变得这么迟钝，这么冷漠，这么无感呢？想要弄清这个问题，就必须了解痛苦。

不难得知，正因为我们不了解痛苦是什么，才会对一切熟视无睹。如果能了解痛苦，认识痛苦，体味痛苦，我们就不会对他人的痛苦袖手旁观了。一心想要逃避就是让我们对痛苦反应迟钝的原因。

当然，痛苦的重点不是痛苦本身，我们不了解痛苦才真的让人觉得痛苦。因为我们的头脑越来越迟钝，所以才选择相信那些生死轮回的学说，选择以吃喝玩乐的方式来逃避痛苦。

不过，我们并不是想要弄明白痛苦的原因，因为这是很明显的，很多时候与自己的心境和性格分不开。我不逃避痛苦的时候，我的痛苦就随之而来，我也就可以开始了解痛苦了。这时候，我的心变得警觉而敏锐，也就能觉知其他人身上的痛苦了。

八月二十二日　不要怕被伤害

我们顾虑的事情越多，就什么事情都做不成了。在做一件事情的时候，我们往往顾虑别人的感受，以至于把自己的思维束缚了。仔细想想，要想活得彻底并不是一件容易的事情，甚至还会带来很多的麻烦。不过这并不重要，重要的是发现实相，而不是顾及别人的感受。再者，我们为何要在意别人呢？难道是因为你自己害怕？害怕自己被别人改变？其实，完全没有必要。如果别人说的与你的意见不同，在质疑中才能考验正确与否。当他们的观点错误时，你应该大胆地指出这种错误，而不是因为怕伤害他们而得过且过，甚至向他们屈服。

八月二十三日　徒增烦恼

烦恼没有轻重、主次之分。通晓小问题，便可把大问题弄清楚。但我们研究熟悉的羡慕、嫉妒之类的烦恼时，会怎么样呢？有人说不好的话，于是你生气；有人赞美你，于是你开心。但是受伤的原因是什么呢？因为你觉得自己是重要的，为什么会有这样的感觉呢？

我们常为自己设定一些形象，这是为什么呢？设定形象恰恰说明你对自己认识得并不深刻。我们总觉得或者理所当然地认为自己应该怎样。一旦这个形象受到不同声音的攻击时，我们就会愤怒，而这是在逃避真相。否则，如果看清自己的真相，别人再想伤害你是很难的。

说谎的时候被别人揭穿，那么就承认自己的谎言吧，这样就不会受到伤害。相反，若一直伪装，就会在听到别人的指责时愤怒无比。我们生活的这个世界是我们自己建构的，只有了解实相，才能公正地看待。

八月二十四日　正义与愤怒无法并存

在每个人都想克服愤怒的时候，结果并不让人觉得满意。难道还有另外的途径？在生活中，导致愤怒的原因很多。可能是别人的讽刺、事情受挫等。一个人在愤怒时，防卫被瓦解，安全感遭到威胁。那么，如何消解愤怒呢？

你最重要的信念遭到别人的质疑时，你的反应一般都是激烈的。不过，当你明白对自己的信念不要执着时，愤怒就能得到止息。那些想要制造冲突的想法在这时就会被消解掉。要做到这些，需要毅力。在消除愤怒时，对自己要有深刻的认识。

人对不公正的事情会感到愤怒，是因为每个人心中都有爱的成分，有慈悲。当愤怒遇到慈悲，二者能一起存活下来吗？如果心中只有恨，正义还会存在吗？即使我们对不公正感到愤怒，我们也不能解决问题，反而让自己受伤。人类社会的良好秩序的维持，离不开善良的人。有怨气的人只会带来恨意，但无法产生正义，不能与愤怒并存。

八月二十五日　痛苦普遍存在

生理痛苦源于神经，心理痛苦源于执着。因为执着，所以怕自己失去。知识和经验可以预防痛苦，然而这也是痛苦产生的原因之一。

医生可以解决生理之痛，信念可以解决心理之痛。因此，信念对一个人很重要，不管它正确与否，我们都怕失去它。传统的观念往往遭到我们的拒绝，因为我们相信自己的知识能与痛苦对抗。

痛苦是普遍存在的，形式是多种多样的。在心理层面有失败的痛苦、失去亲人的痛苦等，生理层面有疾病的痛苦等。而死亡也一直在安静地等着我们。面对痛苦，我们不知所措，逃避是经常选择的一种方式。在一些宗教里，痛苦是神圣的，只有通过痛苦人们才能发现上帝。但是，不管是东方世界还是西方世界，能从痛苦中解脱的人是极少的。

只有不带任何情绪地聆听一个人的话，我们才有可能真切地了解痛苦，摆脱痛苦。此时，我们无须欺骗和恐惧，我们的头脑是清醒的、敏锐的。附带着，你也就了解了爱。

八月二十六日　无意识的痛苦

一种孤立、哀伤的感觉就是痛苦。痛苦的原因各种各样，得不到赞美、不得不面临死亡等，都会让人痛苦。一个人对痛苦不了解的话，心中的冲突就会不断，不幸也不会停下来。

很多痛苦是无法意识到的，也就是说是一种莫名的痛苦。那些我们能意识到的痛苦可以对治，要么逃避，要么把痛苦合理化。但是，其实那些明显的痛苦对我们而言，是难以摆脱的。

那些无意识的痛苦是早就存在的，可能已经经历了数千年的积淀和传承。当我们承受这种痛苦时，表面上看起来很快乐，但内心痛苦不安，且这种不安难以消除。我们所说的止息痛苦，意思就是把全部的痛苦都止息。不管是表层的还是潜意识的，都不例外。在这之前，一颗清晰单纯的心是必须的，因为这样你才能智慧和敏感。

八月二十七日　在痛苦中前行

从生下来，我们就一直在承受痛苦。我们清楚地知道：痛苦各种各样，有高低之分。如果我们接受了痛苦，就不需要再去寻找答案，再去探索了。你关上了痛苦之门，所以执着的东西对你来说变得越来越重要，这些东西如名利、权贵。事实上，生活中的很多人都在做着这样的事情。

那么，可不可以直视痛苦，而不去想着找到痛苦的解药呢？很多时候，生理上的痛苦很容易找到解决的办法。但是，一种对未来的恐惧也是痛苦的，并且是难以解决的。痛苦、恐惧与爱、慈悲密切相连。因此，我们都要去了解。

看到周围的美好景致，我们精神愉悦，但突然也会感到一丝丝的哀伤，因为你突然想到了死亡和失望。对一个国家来说，如果经济衰退、社会萧条，都会给每一个个人带来痛苦。仔细观察，有意识的和无意识的痛苦都在我们身边。不过，我们不能说人生没有快乐。我们常常会因生活中的各种趣事而发笑，只是次数相对较少。我们在痛苦中前行，甚至忘记了什么是爱，更不用说全心全意地去爱了。

我们忙于找解决痛苦的办法，而不去观察痛苦，索性有时就选择了逃避。其实，只要看到周围事物的真相，自然而然，痛苦就能止息。

八月二十八日　对痛苦完整理解

哀伤和自己有区别吗？痛苦和我是两个不同的东西吗……这些问题，我们有必要弄清楚。在生活中，很多事情让我们感到痛苦。有些痛苦能合理解释，可以弄清楚原因，有些则不能。因此，一部分的我就想从痛苦中解脱。这样，我的一部分与痛苦对抗，一部分想要弄清楚痛苦，一部分想逃离痛苦，想要完整地理解痛苦是不容易的。但是要想解脱，必须完整理解。不能把痛苦拆分，也不能与痛苦对立。

在对待痛苦时，很多人都是肤浅的，这与我们接受的教育以及训练有关。我们之所以要跑到教堂里，是把教堂当作避难所，想从苦难中解脱。即使避难所找不到，我们还是会亲自把自己困在一个小空间里，对一切都表示没有感觉。偶尔，我们还会借助其他来远离痛苦。这些防卫性的措施都会阻碍我们去探索、理解痛苦。

每个人都应该反观一下自我，看看自己是如何给自己找各种理由来逃避痛苦的。或者如果没有理由，是否把自己变成了一个刻薄、冷漠的人，期望这样能从痛苦中逃离？作为长辈，把这种状态一代代地传了下来，我们甚至都不去揭开伤口看一看。因为对痛苦不熟悉，我们陷入了困惑之中，不知道该怎么办。我们还真的没有直接面对过痛苦，就像眼前的一幅画一样。

八月二十九日　倾听痛苦

快乐是什么？是值得来探讨、质疑的吗？有没有想过，如果每个人都是快乐的，这个世界是不是就与现在的完全不同了？文明和文化是不是全都换了一副面孔？但是，实际上我们每个人都不快乐，内心深处都有挣扎和痛苦，他们认为一切都无意义，除了功名财富之外，对什么都不满足。我们的物质确实丰富了，子女也多了，但我们并不快乐。

一个在痛苦中的人，再来探讨快乐的话是没有任何意义的。我们要做的是了解痛苦的起因，这才是最重要的问题。快乐出现在痛苦之后，可是当你完全弄明白了这点，你就不会再有快乐的感觉了。所以，你必须明白什么是痛苦，或者说痛苦究竟是什么。一颗在不断追求快乐、逃离痛苦的心有可能了解痛苦吗？想了解痛苦，就要欣然接受痛苦，就不能给痛苦找借口，要与它共处。

懂得倾听痛苦，才会有快乐，才能知道什么是快乐。

八月三十日　你即痛苦

若是没有第三者观察你的痛苦，你就和痛苦一样了。痛苦和你不可分割，当你不给痛苦定名的时候，你就是痛苦，你们之间没有什么大的差别。

有没有想过，当你和痛苦合到一起的时候，会发生什么情况呢？如果你不害怕痛苦，也就不必给痛苦加上标签，冠上名字。换句话说，就是当你就是痛苦的时候，你还会和以前一样会说是自己在受苦吗？不会的话，那么转变就来了。不把自己当作受苦之人，苦痛之感就不会存在。所以，有时间检查一下自我还是很有必要的。

如何自由行动而不去伤害所爱的人呢？爱情的双方都是自由的，一旦有了痛苦，爱就会消失不见。事实上，真爱没有痛苦，即使是做的事情对他有好处。在爱情里，不要要求对方按照你的欲望去做事情，否则痛苦就会产生，关系就会出现危机。安全和舒适不是长久的，我们所做的每一分努力，都是和自己的内心相悖的。

因此，那些试图给人我划定界限的人，是痛苦的制造者。为了适应另一个人，你必须压住自己的真正感觉。长此以往，这样的爱把两个人的关系都给摧毁了。这样的爱是不自由的，是被操控的。

八月三十一日　痛苦是人类共有的

人类的痛苦有差别吗？痛苦会因地域或国籍的不同而不同吗？在本质上讲，人类的痛苦都是一样的，是没有人与人之间的差异的。同样，快乐也是相同的，不分你我的。你饿的时候，你的饿是属于全世界的。你残忍的时候，你的残忍是属于所有的权贵者的。

但是，因为种种的制约和限制，在认清全人类的问题上，我们还很模糊。就像我们去爱一个人的时候，爱就不仅仅只是你一个人的了。如果你非要想着去占有，结果只有一个，那就是痛苦。同样，这份痛苦既不是我的，也不是你的。

如果你觉得这是一个很抽象的理论，那就曲解我的意思了。你难道不觉得痛苦就是显而易见地存在着的吗？衣不蔽体、食不果腹，这难道不是在受苦吗？不管它住在哪里，受苦的现象是确确实实存在的。想要了解痛苦，需要具备深刻的洞察力。如果和平出现在我们的内心世界里了，说明痛苦已经开始停下来了。

九月 /

生命之中，各种杂相并存共生。我们看到的未必是真实的，就算是真实的，也未必是事物的实相。要想看到事物的实相，就要修炼一颗洞察之心，正视自己的缺点和不足。此外，在纷扰的社会之中，保持一颗善良之心，展现人性之美是一件难得的事情。遇到了寂寞和痛苦，不要灰心丧气，要从中找到对自己有利的东西，好好利用。

辑一 实相

九月一日 施舍的赠予

在海峡中航行的船只，除了自身要无比坚固之外，更要小心翼翼。对于别人的恩惠，我们同样需要保持警惕。对于你赠送的礼物，人们并没有义务去接受。很多时候，我们选择自给自足，因为那是出自我们的本心。对于赠送礼物之人，我们并不会对其表示宽恕，甚至会使他们受到伤害。但是，如果你要赠给我们的礼物是充满爱意的，我们还是会欣然接受的。因为有爱，我们会把礼物当作自己的东西一样，而不把它看作是你对我的施舍。面前摆了一盘肉，但我们有时却难以下咽，因为我们觉得那是动物对我们的一种施舍。

九月二日　正确对待自身的缺点

善有善报，这是恒久不变的准则。这也就是说，心存善念之人，必然受到别人善意的对待。这个准则对所有的人都是通用的。人不应有傲气，即使这一点傲气并不会对自己带来大的伤害。在童话故事里，那只看不起自己双蹄的雄鹿，在受到猎人的袭击时，让它逃过一劫。而那双它一直喜欢的鹿角，却让它葬身于丛林中。因为鹿角成了逃命的障碍，挂住了荆棘。

在人的一生中，优点和缺点并存。优点自然好，但自身的缺点有时也能起到大的作用。所以，我们要对自身的缺点表示感谢。一个人只有在残酷的现实之中，才能明白真理的含义；只有在经历痛苦之后，才能体会顺境和逆境对我们生命的意义。有劣势不代表不利，反而正是我们知晓本身的缺点所在，才会尽力去克服缺点，去努力进取、自力更生，学会不断完善自我。正如牡蛎一样，用自己的疼痛孕育出了宝贵的珍珠。

九月三日　生命是一个进化的过程

个体的生命要跟得上变化的时代。变化是存在着的，但我们仍然可以通过亲情关系的展现看到生命形式的存在。然后，现实中的很多人因为固执，把自己封闭在了一个小的圈子里。但是，不管怎么说，我们看到的世界越来越大，懂的东西也越来越多。想让我们去赞同过去的那些人的看法，已经很难很难。因此，对于生命，我们必须以运动的、变化的眼光来看待。逝去的日子已经远去，我们要跟得上当下的时代，与生命握手合作。这样，生命才能真正得到延续和发展。

九月四日 洞察受惠者之心

接受与不接受一个人的礼物是一种艰难的选择。那些尊贵的人往往是接受的，并且是心安理得地去接受。喜悦或遗憾都不是正确对待一件礼物的态度，都是不恰当的。我们的悲喜与别人无关，而是在悲喜的过程中，我们把自己的人格贬低了。对那些不了解我内心需要的人来说，送我礼物反而侵犯了我的自立，会让我觉得厌恶。即使我很喜欢这件礼物，但因为送礼物的人把我看透了，我也会觉得自己很是惭愧。因为，我只是喜欢他的礼物，而不是他本人。

那么，怎样的礼物才是适当的呢？我认为只有礼物让我们的交流保持对应才是适当的。但是，当两个人之间保持一种流动的关系、你和我都拥有某一件东西之时，你再把这件东西送给我，岂不是多此一举？你的目的何在？彼此的信任何在？你送给我礼物无异于侵犯我的权利，叫我怎能感激你？那么，什么样的东西适合作为礼物送出呢？在选择礼物时，美的礼物远比实用的礼物更合适。但是，接受礼物的人如果有更大的欲求，想要从中获取更大的收益，那么，接受礼物的人是值得同情的。

千万不要指望别人对你表示感激，这种期望之心是可鄙的。如果不是因为这样，接受礼物的人就不会表现得麻木不仁。人要懂得从接受礼物的人那里全身而退，还要学会退出时是心安理得的。做到这些，就是一种很大的幸福!给予别人恩惠是一件困难的事情，常常会招致别人的不满。在这一点上，我们要向那些信徒来学习，他们不奉承那些施主，所以也就不担心别人的想法了。

九月五日　善良是一种内化

生命象征着人类的进步，而非身份地位。诚信则是根植在人生命之中的天性，是极其宝贵的。"更多"、"更少"这样的词汇只是用与展于天性、展示心灵，而不是说明天性的不完整。与懦夫比起来，勇敢的人是伟大的；与愚氓比起来，诚实守信、智慧善良的人是更伟大的。善良的本性由上帝内化而来，是稳定的。而所有的物质是通过某种交换得到的，因而是不稳定的，它们随时都有失去的可能性。不过，善良的本性是可以通过汗水的劳动加上心灵与理性的允许而获得的。对于那些我不热衷的善意帮助，我从来都不抱任何希望。意外的得到往往也带来更多的负担。功名权势于我来说，并不值得期待，因为它们并不是永恒的东西。

九月六日　美是恒久的品质

对艺术来说，真实排在第一位。因为在艺术的天堂里，真实才是最永恒的。不管什么表现手法，都有要凸显的对象。艺术也不例外。只是在它所要凸显对象之前，对象早就存在在那里了。想要偶然得到一件精美的艺术品是不可能的。在它之中蕴含着创造该艺术品的民族独特的本能。美是什么？这个很难界定，我只能说，美是一种品质，这种品质是恒久不变的。在我居住的二十多年的屋子里，有一块兔子模样的鲸油，每每看到就有一种喜悦。仅仅因为此，我决定把它一直保存下去。一张废纸，仅仅因为一位艺术家在其背后的涂鸦就成了艺术家的代表作品。我想，这其中的美可能保存数百年吧，更久的时间也有可能。一首诗歌能传承下来，也大抵是因为其中含有美的意蕴。

九月七日　自然之美 人性之美

美是由哪些东西构成的呢？构成美的元素可以是某种美好的操行，也可以是一种特别的力量，这种力量联系着个体和整体，是神奇的。某些东西虽然不是单独的个体，但它们属于整个世界，与世界相联系，因此也是美的。美的东西都有着自己的灵魂和核心，都能代表自然界。那些行走在世间的人们身上，存在着普遍的、高尚的特征，所以他们也是美的。我们爱自然之美，也爱人性之美。从他们身上，我们可以尽情联想，他们的形象在我们眼中愈发变得宏伟和高大。

九月八日　人是一件劣质品

自然本身是美的，但它在美的基础上继续追求美。因此，可以说，自然的恒态是美的。不管一个人的相貌是怎样的，在美好面前都是平等的，都有权利去欣赏美，享受美。假如不是祖先不遵循自然的规律，我们本该像花朵一样美丽。然而，事实却非如此。看看我们的身体，时刻把我们来嘲讽。这让本该美丽的我们觉得十分难堪。我们的短腿，只能迈着小步子前行，这让我们倍感耻辱；反过来，腿长的话，又不得不低头与他人交流，这又是一件尴尬的事情。那么，世间有完美之人吗？从无数的事实来看，是没有的。难怪那些画师常说，世上绝大多数人的体形都是不匀称的。脸蛋不标准，眼睛却有大有小，头发有厚有薄，肩膀左高右低……人就像是由乱七八糟的东西拼凑起来的一样。不知道我们的祖先是从哪里获得这些碎片和补丁的。因此，从某种角度上说，人是一件劣质的东西，并无美丽可言。

九月九日　弱点是一种强大的力量

每个人都有一种神秘的力量，这种力量是源于我们的弱点的。不信的话，可以想一想，当你受到别人的攻击之时，特别是这种攻击带有致命性的时候，是不是觉得有种东西去对抗这一攻击呢？这种东西就是力量。别小看那些默默无闻的人物，很有可能他们马上就要成为伟大的人物。他们虽然在安静地享受着生活，但是一旦他们被折磨的时候，他们的智慧就会飞速增长，迅速成熟起来。对现实的认知，让他清醒，他总能找到很好的办法去适应现实环境，在环境中变得强大起来。

在生活中，要想做一个聪明之人，不妨把自己放到敌群之中，找出自己身上的缺点，一一克服。这样做肯定会受到伤害，不过有更多的机会反败为胜。而当过了这个阶段，就可以强大得无懈可击。对一个人来说，经常受到责备是必须的。责备越多，我们的希望就越多，成功的机会就越多。甜言蜜语是敌人的糖衣炮弹，我们要对此保持警惕。凡是不足以杀死我们的，都是我们要感谢的。敌人来势汹汹，但他们却会用自己的力量害死自己。在这个过程中，我们不为外物所动，由此就会更加强大。

九月十日 人生处在不平等的状态之中

想要获取利益，必须承担相应的义务，这是真知。不过，有些真知是不用承担义务的，补偿法中就有这样的例子。当然，这和挖掘宝藏不是一个概念。我生活在这里，愉悦和平和是我生活的写照。那些可能伤害我的界限，被我无限地缩小着。因为我明白，除了自身的弱点之外，没有什么能真正伤害到自己。对灵魂来说，其本性不断地补偿人生的不平等状态。为了区分更多和更少，人性的悲剧随之产生。不管怎样，我们的心里总不会平衡。痛苦和仇恨皆因更少和更多而生。无能之人陷入悲哀之中却不懂为何悲哀。他们选择逃避，因为他们不敢去抱怨上帝。命运不公？其实若你看清现实之后，哪有什么不公。即使看似有，也会被消解掉。

对人类而言，苦难和不幸是相通的。在很多时候，苦难就是不幸，不幸就是苦难。不管别人生活得好与坏，也不管自己生活得好与坏，我们都可以去关爱他们，让他们感受到自己的爱。付出爱，才能得到爱，有爱才会更加美好。

九月十一日 时间可以补偿理智

不要害怕灾难的发生，即使我们损失了财产，但时间会在理智上补偿我们。渐行渐远的朋友，丧失的财富，还有那绝望之心，看来都于事无补。不过，其实在这些事情之中，无限的力量已经隐藏其中。这力量是那曾经、现在的光明的岁月提前给予的。所有不幸的发生都只是启示着我们以一种全新的生活面貌、生活方式去继续发展自我，完善自我，强大自我。人们想要花园里的花保持绚丽，但却找不到足够的阳光和让花儿生长的土壤。花园的围墙终于倒下了，于是花草树木连成了片，结出了香甜可口的果实。于是，邻人都到下面乘凉了。

九月十二日 功德的重要性

一个人重要性的显现是需要经历一个很长的过程的。因此，我们在对一个人大力称赞时，并非是说他是多么多么的重要。对那些历史上伟大的人物而言，功德并没有带给他们多少好处，甚至他们并没有享受到他们所创造的功德的好处。爱迪生无疑是伟大的，但他并没有享受到手机所带来的便利。因为时代的局限性，很多伟大都是如此。不过，未完成的使命总是需要有人来推进。这些人就是那些可怜之人、炫耀之人、幻想之人。但是，人性的弱点是不值得称赞的，成功的获取不是那么简单的，也不是意外的。两军征战，一方的获胜必然会给另一方带来无法抹去的巨大的破坏和伤害。

九月十三日　美和丑

某日，在海边，美和丑不期而遇。他们脱下衣服，一起跳到了海里游泳。

不多时，丑上岸，把美的衣服穿走了。

等到美上岸的时候，发现自己的衣服不见了。因为害羞，就穿上丑的衣服走了。

因此，直到现在，丑和美仍被我们反看着。

但是，那些看过美的人，即使美穿着丑的衣服，还是能看清美的本来面目。那些看过丑的人，即使丑穿得再美，他们也不会被丑的假象所蒙蔽。

九月十四日　利用自己的才能

我不止一遍地说过，对于我们本身具有的才能，要学会好好利用。不然则是对才能的一种浪费。除此之外，大自然也总是不断地通过各种方式来使我们意识到自身的才能。一个人的能力是有限的，他不可能把所有的事情全都做完。比如，我们一个人是不可能建起一座高楼的。但是，全心全意做好一件事情对每个人来说，是可能的，也是完全可以做好的。在尽心做事的时候，因为我们清楚自己的能力所在，就不会再去干涉别人的事情。因为别人和我们的能力不同，他们正在做着上帝安排给他们的事情，与我们是不同的。

自信是好的，它能够让人类的思维得到发展，让自我更好地展现。不过，要想对自己的观念充满信心，却是相当困难的。因此，我们现在所说的话往往都是别人说过的。

九月十五日　花园里的先知和小孩

一天，伟大的先知沙利亚在花园里散步。正悠闲的时候，他看到不远处有一个孩子。见到先知，孩子赶紧跑了过来，连忙说"早上好"。先知回应着孩子"早上好"，然后又问道："你是不是一个人在这里玩？"

孩子很高兴，他笑道："为了摆脱保姆的监控，我花费了很大的力气。所以，保姆现在还以为我在篱笆后面玩。不过你看，我现在是在这里，对吧？"孩子得意地向先知说着这一切，突然反问道："你也是一个人跑出来的吧？你是怎样在保姆的监控下跑出来的呢？"

先知思考了一小会儿，然后说："逃出来是不容易的。保姆的看管很严，在一般情况下我是无法摆脱的。但是现在，我在花园里，保姆却一直在篱笆背后不停地找我。"

那个小孩欢呼雀跃："原来我们是一样的，别人找不到我们确实是一件好事。那么，你是谁呢？"

"我是先知沙利亚，你呢？"先知反问。

小孩子随口答道："我就是我自己。"他接着说："保姆正在找我，但她并不知道我在这里。"

"我家的保姆也在找我，但是她很快就会知道我在这里。"先知沉思了一会儿说道。

"我终究也是会被保姆找到的，很快的。"小孩感叹道。

刚说完这句话没多久，就听到一个女人不停地喊着小孩的名字。小孩说："看吧，我说得没错，她很快就找到我了。"

小孩刚说完，另一个声音传来："沙利亚，快点回来，你在哪里呢?"

先知说："我说得也没错，他们马上也找到我了。"

"我在这里。"先知回答道。

九月十六日　尊重

人的内心里都渴望得到他人的尊重。尊重是一种高尚的美德，是个人内在修养的外在表现。尊重是一种文明的社交方式，是顺利开展工作、建立良好的社交关系的基石。尊重是一种品格，是一种修养。尊重他人的人是谦逊的。

把尊重拆开来看，是自尊和自重的意思，体现了对人格和价值的肯定。这种人格和价值包括他人的和自我的。那些德高望重之人，在生活中往往懂得去尊重别人。相反，越是没有责任意识的人，越不懂得去尊重他人。

尊重是真诚的，在它的世界里，没有虚伪和奉承。虚伪的人没有耐心，他们不会与真诚的人长久相处下去。当然，尊重和崇拜也是不同的，尊重绝不会自轻自贱，也不会自卑。

尊重是一种积极的人生态度。它需要的是一颗积极上进和富有责任感的心。看到成功的人，给他们以尊重，把赞赏和羡慕给他们，以此来激励自我。尊重与颓废和空虚无缘，更远离了绝望。

我们做不到的事情，自然也没有理由要求别人去做到。每个人都不可能把事情做得十分完美。如果别人做得不够好，千万不要以傲慢和不可一世的姿态去对别人说三道四。换个角度思考，如果自己做得不好，别人指手画脚，你又会怎么想?

每个人都有不如别人的地方，对他人的尊重体现了自己的宽容大度，体现了自己良好的素养。那些不懂得尊重别人的人，往往都是修养不够之人。对一个公司而言，领导要懂得尊重下属，这样下属才会对领导有尊重之心，才会愉悦地去工作。

尊重是一剂良药。所以每个人都应该尽最大的努力去尊重他人。只要我们懂得了尊重他人，尊重自己，世间的一切恩恩怨怨都会变得微不足道。因为尊重，我们的生活才更加快乐，更加美好。

九月十七日　想象让心灵得到升华

想象，是人类特有的精神现象。通过想象，人类能感知到一种事物转化为另一种事物的可能性。我们长期积累的知识，安上想象的翅膀之后，就变得那么的神秘和美好。我们可以把身边的一切物品都加以想象。我们的鞋子里面，是不是躲着一位仙子？那美丽的烛台，像不像天空中各种各样的星座……我们的想象驰骋在各种物品之上。在我们生活的大自然中，智慧无处不在。那些永恒的语言和语法，都是智慧的创造。同一个字，在不同的场景下，意义就有不同。不同的字可以表达同一个含义，这是多么神奇的事情啊。对不起，那朴实无华的鞋盒，你曾经盛着那价值连城的珠宝。因为披上了不朽的外衣，干草和灰尘也闪耀出光芒。看一个事物，不能只看表面，那蕴藏在事物其中的象征意味才更加让人回味无穷。这难得的快乐，是无法从单纯的事物表面寻找到的。每一个有想象存在的日子，都是那么的美好，都值得用一生去珍藏。

在各种各样的人群中，诗人是想象的代表。诗人以想象这种独特的表达方式来抒发着自己的情感。他们把自己的爱人想象成最美好的事物，如五彩缤纷的花园，光芒四射的宝石，美丽的彩虹等。世间的美都是有共性的，我们总能找到美的共同点。在生活中，一切可取的、合理的东西都能用来比喻天空和海洋、黑夜和白昼。如果不能，则说明这些东西不是美的。在所有美的事物上面，只要我们认真观察，都能发现有神圣和无限的踪影。不管我们什么时候出发，何时出发，我们总是朝着神圣的方向前行。在这个过程中，我们的思想和灵魂得到了升华。一开始，我们因为一次小小的成功而欣喜万分，后来牛顿告诉我们，我们不过是一个从树上掉下的一个大苹果。再接着，从柏拉图那里，我们又深刻地懂得了宇宙是一个大的整体，地球只是其中一个很小的部分，地球离不开宇宙。就这样，我们一个台阶一个台阶地迈向心灵的殿堂。

九月十八日　寂寞是决定人命运的情境

人生匆匆，不过百年。这仅有的生命时光是短暂的，宝贵的。生命本来就已经很短暂。可是，很多时候，很多事情，我们无法去解决，只有一直忍着。让它们慢慢地消逝，慢慢地过去。生命是平淡无奇的，除非再有激情的时刻到来。

纵观每个人的一生，真正值得骄傲，感到辉煌的时刻是很少很少的。几乎每个人都爱回忆辉煌，所以一个人大部分的生命都是在回忆中度过的。

想要看破红尘并不是一件困难的事情，真正让人觉得难的是忍受长期的孤独。一个人要是长期与世隔绝的话，我不相信他能做什么事情。想要读书、写作、思考等等，都是不可能实现的。你说可以禅定，但殊不知，禅定的进行也不可能离开人类活动的环境。没有人类的氛围，人的活动就不可能得到开展。所以，要想在清冷的古寺里面禅定，那是不可能的。

人可以淡泊名利，但往往忍受不了寂寞。想要过与世隔绝的生活是很难很难的，甚至是不可能的。想要追求功名利禄，就必须在人世间忙碌不止。

世界上，更多的人都是凡夫俗子。他们住在城市里，害怕寂寞，习惯了那吵闹的生活。我们试图在山里林找到一个从不寂寞的隐世是多么的不容易啊！

对待寂寞的方式不同，人与人之间的差别就显现了出来。有的人一旦寂寞，就赶紧找到消除寂寞的方式，他们到处呼朋唤友，大吃大喝。于是，我们把这类人称为庸人。而有的人不害怕寂寞，用自己内心强大的力量把寂寞打败，于是我们把这类人称为哲学家或诗人。只是，这部分人的数量并不是那么多。

九月十九日　寂寞让一个人更加清醒

独处是一种处世的态度，也是一种难得的能力。独处的能力不是一般人所能具备的。即使具备也不是都能展现出来的。学会独处和忍受寂寞不同，独处也并不是生活中再也不会感到寂寞。我们要用独处去化解寂寞，让它转化为一种促使我们进步的力量。

所有的人都会寂寞，只是各自的状态表现会有不同。有的人在寂寞中表现得极其不适应，想早一点逃离；有的人则习惯了寂寞，他们在寂寞之中理出了生活的规律，用各种各样的事情把寂寞驱赶而走；有的人则在寂寞之中学会了思考，了悟了生命和人生的大哲学。

人在健康的时候，常常会只顾着自己的生活，顾着追名逐利，人情味就显得十分淡薄。可是突然一场疾病来袭，他们的思维就会发生一定程度的转变，人情味就会变浓。因为人在生病的时候，烦琐的事物顿时就会减少，心境就会闲适很多。此外，因为一个人生病，就会觉得寂寞难耐，对亲朋好友的思念之情就会加重，于是对爱和情的理解就会变得细腻。因此，疾病让一个人更加清醒，更能看清功名，看重人情。

接着讨论病人。假如一个人患了一种随时都有生命危险的病，这种病既不是绝症，也不是感冒发烧的小病的话，在这个时候，病人的世界观的转变是巨大的。他会认为，他生存的世界原来并不是他的，自己原来也并没有与世界融合在一起。他觉得他随时都可能与这个世界说再见。在生病的期间，他看清了很多，他明白自己在这个世界上的可能性原来是这么的小。他是痛苦的，但同时这痛苦又让他感到清醒和冷静。这冷静让他分清了很多事情的轻重缓急，对哪些事情需要关注和参与看得更加透彻。假如这个病人还热爱生命，他并不会因此而放弃对生命的渴望，他肯定坚强地活下去去做那些值得做的事情。

　　对一个身体和心理都健康的人来说，他会认为世界存在着无限的可能性，这些可能性会让他沾沾自喜，会让他判断不出事情的主次。但，一旦生病，世界的可能性对他来说就大大减少，因为他的生命时光有限。但这并不是一件坏事，因为他的基本判断力在这时会充分发挥出作用，让他看清世界。

九月二十日　无聊是痛苦的

　　有人说无聊和无欲望是一样的，这种无欲望是欲望满足之后的一种状态。这种说法不能说不对，但却是不够全面和准确的。首先说无聊，其中暗含着不安分的成分。而无欲望更接近于一种安静的状态。由此看来，二者的差距还是很大的。人们无聊并不是说没有什么欲望，而是这种无欲望的状态让他们感到无法忍受，百无聊赖。因此，在他们内心深处，极其渴望欲望产生。

　　通俗来讲，一个人在吃饱之后，没有什么事情要做的时候，无聊就存在了。或者说，因为闲，所以无聊。席勒曾说，因为有用剩余精力的存在，美感才会发生。他说得很有道理。人类发生的一切，不管是好是坏，都是建立在剩余精力的基础上的。当然，无聊的出现，也是这样的。

人在闲的时候，就有更多的自由时间来做自己想做的事情。因为这时，没有什么事情是非做不可的。只要一个人在闲的时候找到可以做的事情，就不会觉得无聊。只有什么都不做才会无聊。所谓无聊，就是无兴趣，不做事，找不到存放剩余精力的地方。无聊的滋味确实不好。

一个人有空闲的时间，是幸福的。一个人常常感到无聊，则是很痛苦的事情。只要我们的心灵是自由的，我们总有办法去把无聊赶走。每个人的性情不同，赶走无聊的方式自然也是不一样的。在当下社会，浅薄的人有很多办法来排遣无聊。有的人对着电视，有的人盯着电脑，有的人沉迷于游戏，有的人卧床不起，如此种种，看似打发无聊，更是糟蹋了大好时光。

九月二十一日　空无之境

即使拥有再多，其实你什么都不是。即使你现在无法体会空无之境，但却不能否认它的存在。你信或者不信，它就在那里，逃脱不了，挥之不去。

你可以选择各种方式，利用各种手段来逃避它，但它都在那里。不管你是熟睡还是清醒，它都一动不动。只有觉知到自己所有的逃避活动，才能与空无建立关系，与它融为一体。也就是说，空无是你，你是空无。不要与空无产生对立，否则就会出现幻觉，带来冲突和不幸。

有人给你说事，你就安静地聆听。如果你对事实有所洞察，就意味着离解放不远了。说说野心吧，我知道它会带来影响。在一个野心勃勃的人那里，是没有同情的概念的，他不知道什么是爱，怎样去爱。在他那里，只有内在和外在的残忍。他把听到的一切话都要加上野心勃勃，他把事实诠释成了一种意见和反应。但如果他认真听事实的话，就不会那么雄心勃勃了。

只有清楚二元对立性，痛苦才有平息的可能。该如何做呢？观察者就在我们身上，它是思想的产物，是一种先进的东西。思想一旦消失，剩下的就只是觉知了，这种觉知是完整而彻底的。

九月二十二日　超越度量的无限境界

亲人的逝去让人悲痛万分，我们甚至陷入悲痛之中无法自拔。可是当我们清醒过来的时候，再去想的话，就会忍不住问：痛苦是什么？两个人在一起的快乐时光，只是一眨眼的工夫，全都被收回去了，然后就剩下你一个人面对人生了。

面对这种感觉，我们内心是常常抗拒的，因为我们怕一个人承受不来。这时该怎么办呢？最明智也是最重要的做法就是接受空虚。面对空虚，不要投入情感，也不试图把这份空虚合理化，而是与空虚友好相处。当你慢慢深入的时候，痛苦就会慢慢减弱，直至停下来。当痛苦完全停下的时候，心是空寂的，是没有任何反应的，也是不需要保护的。之后，你的人生将开始一段新的旅程，这段旅程是没有结尾的。想要到达这种境界，显而易见的是要先止息痛苦。

九月二十三日　认清荣誉与人生的关系

荣誉是人们对那些有一定地位和成就的人的肯定。不过，若是荣誉的得到太轻而易举，获得的人可能并不明白荣誉的真正内涵。荣誉带给他的也未必是快乐。

如果把荣誉比喻成一座桥梁，那么，桥梁的两侧分别通向充满希望的未来和让人变得平庸的深渊。

如果把荣誉看成一座山峰，那么，它只属于能登顶之人。在山峰之上，把无限风光尽收眼底，心血澎湃不已。

想要得到荣誉是不容易的。只有当自身的价值得到社会和人们的认可之后，才能获得。因此，若赢得了荣誉，我们确实值得高兴。但是，不应该沉迷于荣誉之中，而应该以此为契机，保持清醒的头脑，继续奋斗、继续前行。

荣誉和失败一样，无时无刻不在考验着每一个人。只是失败是从逆向来考验一个人，而荣誉则是从顺向来考验的。在我们的生活中，很多人能承受住失败的考验，但面对荣誉的考验之时，却败得狼狈不堪。这是为什么呢？因为他们沉溺在荣誉的甜蜜之中了。因此，不管什么时候，我们都要记住，荣誉属于过去，未来要靠现在的努力。如果不然，荣誉就会把一个人毁灭掉。

荣誉只能让人们想起过去的美好，并不必然决定将来的命运。未来的好与坏都寄托在现在。我们要做的是，把当下当作一个新的开始，为了更高的荣誉而不断攀登，这样才能把光荣延续。

那些面向未来的人，对过去的荣誉往往坦然放下，把荣誉当作动力。越是不把荣誉看得重要的人越受荣誉的青睐见；越是一心追求荣誉的人，荣誉离他也就越远。

九月二十四日　观与被观相互转化

心无空间，便无自由。世界上的万事万物，如花花草草、一枝一叶、一人一物要想建立一种彻底的关系，能观者与被观者之间就不能划分明显的界限。

只有融合起来，心的空间才会大，才没有冲突，才能自由。但自由不是说出来的，你一说出就说明你陷入二元对立之中，也就不自由了，不能解脱了。空间感被你造出来以后，它又在自己的空间里造出了冲突。只有了解真相，与真相产生关联，才能了解这一点。在我们眼里，应该看到不管我们从事什么样的活动，都是二元对立的，都是有能观与被观存在着的。在这种情况下，想要与任何东西产生关联性是不可能的。要想产生关系，就要把能观与被观融为一体。

看一棵树的时候，只要看到树的整体才算是在看树。当我们说这是一棵苹果树的时候，或者是一棵梨树的时候，说明我们只是在给树下定义，而不是从整体上看这棵树。不看树的整体，就等于没有看过树。同理，觉知也是如此。对自己的内心的运转如果不能从整体上去看的话，觉知是毫无意义的。看一棵树的时候，要看清其构成，分清构成的不同，认清它的四季变化等等，只有足够全面的时候，才能说我们看到了这棵树，看到了所有的东西。

一个人的心念活动中夹杂着各种各样的语气和情绪，我们要彻底观察，否则，如果不彻底，所做的一切都没有意义。觉知包罗万象，而不仅仅察觉事物的局部。

九月二十五日　实相蕴含在真相之中

天马行空地想象不如关注眼前的真相。在真相之中，你想象的东西或许就会到来。我们努力观察的时候，会在已知之中体会到空寂之感。这种感觉非人的意志造出的。但只要心中还在想着变成什么，就体味不到空寂，空寂也不会到来。只有以单纯的眼光看待眼前的真相时，空寂才会出现。到那时，你就会发现，原来实相就在真相之中，并不是那么的遥远。在问题里解答问题，在实相里发现真相。由此，便可以得知实相想要寻找的到底是什么。

因为概念扎根于我们内心，所以很多时候我们觉得事实没有概念重要。因为我们害怕面对事实，所以才人为地造出一个又一个的概念。但事实就是事实，不管是承认还是逃避。心中的仇恨和愤怒可以压得住，也可以把它们转化为另一种形态，但是这样做有效果吗？不会浪费能量吗？我们会不会因此变得更加笨拙？善于引用和推理别人的话的人，头脑未必是敏锐的。但在面对事实的时候，我们就能畅通无阻，把心中的冲突去除。因为我们的心中有矛盾的存在，所以想和做并不是一码事。对我们来说，了解真相比什么都重要。

九月二十六日　立即行动起来

记忆是一种意象，如果通过自己的记忆来看待眼前的事物，就不能建立起联结，肯定也会产生误差。有误差也就必然有隔阂，导致看得不准。对于这一点，我们应该深刻认识到。

当我们与事物之间产生隔阂的时候，观者的一方往往希望有更多的经验来支撑，于是他就不停地寻找这份经验。但是，只要你一天不停止追求经验，不停止检查和批判的话，想与眼前的事物产生关系，建立关联，都是不可能的。

当一个人的肉体痛苦的时候，观者和承受痛苦的肉体本身对痛苦的感受在很大程度上是没有什么不同的。真正存在的，除了痛苦，别无其他。立即的行动往往出现在没有观者存在的情况下。也就是说，概念并不是在行动之后产生的，是我们立即的想法产生了行动，使观者与痛苦之间建立了联结的关系。这一点一定要弄清楚，否则观者与所观之物之间的隔阂就没有办法消除，冲突也会持续不断地进行下去。

九月二十七日　非暴力不是事实

心中痛苦时，要对痛苦抱有看法。比如，我是不是该这样做，我不这样做会如何，等等。或者就是想办法把这份痛苦转化掉。书本上的很多概念和现实中的条条框框，一直在影响着我们对事实的判断，都在逃避着事实。只有当一个生死攸关的大事情发生时，你才不会多想而立即行动起来。哪还有时间形成所谓的概念，更不用说去按照概念来采取行动了。

可惜，我们的心懒了，我们宁愿选择公式化的东西来指导自己的行动，逃避事实。我们还有可能直接面对事实吗？在暴力面前，我们也成了有暴力的人，然后用暴力的方式来生活。即使再怎么提倡非暴力，暴力在我们身上都没有消失。非暴力只是观念，而不是一个事实。非暴力是人们为了逃避暴力而发明的，是人们不敢面对暴力的表现。

什么是事实？事实就是我的内心充满愤怒。既然愤怒，何必非暴力呢？愤怒的事实是存在的，就像挨饿一样，先要有饿的感觉，然后才能去选择吃什么。对于事实来说也是一样的，先认识才能接着行动。

九月二十八日　能观与被观没有什么不同

一遇到孤独，心就会逃离。不然的话，还要在那里观察孤独吗？心已经空了，孤独的观察者已经不见了。当我们想着去摆脱孤独的感觉的时候，就会产生能观与被观的对立。

对观者而言，摆脱所看到的东西是他一直想做的事情。可是，观者与被观的对象其实就是一样的啊。忌妒从心中而生，所以心是控制不了嫉妒的。一个人如果是一个思想者，并且能够感知到孤独而沉在其中，不逃避也不诠释，这样的话能观和被观还有什么不同呢？可能到那时，我们就能看到一种状态了。心本孤独，也是空无。如果能意识到这一点，心是否能够无所依赖，在孤独的状态中安心地住下呢？如若这样，心是不是可以从依赖和执着中解脱出来，重新获得自由呢？

九月二十九日　痛苦不能以自我为中心

美好的景色能让我们浮躁的心安静下来。当你看到大自然创造的美景之时，你是否有种想把它们抱在怀里的感觉？只是，外界的影响达成了这种情境。不过，我要说的不是这个，而是心能不能积极主动地去观察。也就是说，外部的环境能不能给我们创造观察的条件。面对痛苦之人，我们常常安慰他们说痛苦是不可避免的，有欲望就会有痛苦。可是当你安静下来的时候，你再去审视眼前的这个人，你的立足点就会发生变化，就不会以自我为中心了。

一切的观察，只要是以自我为中心的，就都会有局限性。而一旦给自己设定了目标，内心又会惶惶不安，因紧张而痛苦是不可避免的。当我们以自我为中心观察痛苦时，痛苦难抑，也无法消除。当以自我为中心时，我们常常不想有痛苦，并试图找出痛苦的原因。但是，结果往往又反过来助长了痛苦。

九月三十日　实相无法存储

当一个有经验的人回忆经验的时候，就找不到实相了。因为实相是不能被存储起来的，也不是想拿就能拿出来的。可以断言：一切事物，只要能积累起来，都不是实相。我们对经验无比渴望，于是一个富有经验的人就会诞生，然后他就又把经验继续积累起来。有了欲望的存在，思想者与思想之间出现了界限。生活中，很多事情我们越是渴望，越会与事情本身产生对立。不管什么时候，我们都要有自知之明，有了自知之明，我们才能开始下一步的冥想。

十
月

思考是学习的一种方式，并不是只有思想者才会思考，每个人都可以。正因为人类不曾停止过思考，才会有各种各样的智慧诞生。正是在思考之中，我们才能一次次找回记忆深处的东西。思考是复杂的，形式是多样的，我们只有冲破一切的障碍，认识到思考的威力，才能以正确的心态面对人生中的幸与不幸。

辑一　思想

十月一日　爱是不带概念的行为

很多人的信仰都是漫无目的的，他们并不清楚自己为什么要有信仰。只有了解信仰，才会对自己做什么有清晰的判断，才能从中解脱。人与人之间的冲突，往往是信念的不同造成的。我们虽然明白，但并不会放弃信仰，更不用提去改变别人的信仰了，那是难上加难。这样看来，信仰并不会真的使一个人的心胸变得开阔，相反会狭隘很多。那么，我们能否摆脱信仰呢？这之前，我们应该弄清楚个体与信仰间的关系。

世界没有了信仰，我们还能活下去吗？我所说的信仰并不是可以被替换的，而是说全部的信仰都不存在了，每个人都开始一个全新的人生，完全脱离历史的局限。这样一来，我们和真相之间的障碍就会被消除。

思想者从来不会自由，永远都会受到限制。对他们而言，一个念头就会带出来诸多的概念，概念产生行动，行动就会困惑。那么能不能不带概念地行动呢？可以，这就是爱。爱和概念无关，爱是什么？这需要我们对概念有整体的了解。我们可以舍弃概念去了解爱，因为爱不是一套理论，如果爱，那就是真的爱了。

真爱是一种概念吗？请你再仔细想一想，不需要赞同我的理解。在尝试了其他的方式之后，我们发现它们都不能解决人类的悲惨命运。我们的政治家答应我们要做的事情，但事实上呢，我们活得并不快乐。愿景再好，也无法解决当下的问题。要了解爱，就要认清概念，然后从概念中解脱出来，这样才能领会到爱的独特魅力。

十月二日　思考的威力

愚人与智者最大的不同，愚人觉得生活是无聊的，懒得去思考；而智者则不是这样，他们会时时刻刻都在思考着各种各样的问题。那么，思考对人们来说有什么样的威力和作用呢？思考具有强大的威力。

因为勤于思考，我们变得越来越理智，越来越成熟，越来越完美。看看那些头脑聪明的人，哪一个不爱思考？因为思考，我们的人生才不会虚度，才不会无聊。

思考是一剂良药，在关键的时候会发挥出神奇的功效。当我们身处逆境或黑暗之中的时候，当我们无法走出泥泞的时候，千万别忘了开启那智慧的大脑。大脑一旦发动起来，解决问题的办法就会随之到来。

不过，思考要与在现实生活中的实践结合起来。脱离实践的思考容易导致空想，让一个人产生不切实际的想法。我们要清楚地明白，实践是第一位的，没有实践的保障，就不能算真正意义的思考。不过，愚者和智者的思考是不同的。愚者想的是如何侥幸地生活，智者则想着在进取中生活。

思考和行动好比是四季中的播种和收获。及时播种，勤奋播种，才能有好的收成。等到收获的季节，看到累累硕果，我们的内心才会无比的喜悦。

不过，一个人的思维活动要想得到升华，就要树立远大的志向和宏伟的目标。但最重要的是，一定要有良好的品德素质。这样，我们的人生才能开启一个新的局面。

十月三日　灵魂的故乡

人类诞生以后，对精神的追求就没有停止过。特别是那些优秀的人，更是把对精神的渴望与追求当作自己毕生的目标。渴望与追求的产生，不是源于肉体，而是来自灵魂。因此，从这个意义上来讲，我们可以认为灵魂是存在的。人类的精神来源于灵魂，即使它在宇宙过程中存在的时间是极其短暂的。所以，宇宙本质上是精神的，但这个假设是我们永远都无法证明的。在人类历史中，征服世界是一种伟大的冒险，但对精神的追求比征服世界更危险。因此，那些伟大的精神追求者得到的东西远比世界更珍贵。这种东西不是短暂的，而是持久的。

灵魂有没有故乡呢？如果没有，为什么我们总是渴望去一个地方？如果有，那么故乡在哪里？我觉得灵魂的故乡是存在的，并且是遥远的。只要生命存在着，我们就一直在回故乡的路上。那里有我们无尽的思念和无限的渴望，那里是一个美好的地方，所有的一切都是完美无瑕的。

一个人聪明与否，可能跟遗传因素有关。一个人知识的多少，来源于前人的积累和后天的学习。但是，在人世间，还有一种东西的存在，我们称之为灵悟，它与遗传无关，与前人无关，它来自遥远的世界的深处。

十月四日　肉体生命和内在生命

人有两个生命，一个是看得见摸得着的肉体生命，一个是看不见摸不着的内在生命。内在生命源于肉体却高于肉体，我们可以把它称为灵魂。两个生命的根本来源是不同的，一个来自自然，一个来自神灵。外在生命和内在生命之间的关系是辩证的。一个人，只有外在生命是单纯的时候，离内在生命就越近。也就是说，越简单越接近于神。因此，一个人要想觉悟人生就要在纷纷扰扰之中先发现自然生命，然后在此基础上进一步找到内在生命，实现二次飞跃。内在生命一旦找到，我们的人生就会更有目标，更有方向性。

人的肉体是由各种各样的器官组成，每一个器官都是人体的一部分。但灵魂不是，它是一个整体，无法分割。我们的某个器官可能因为外力而受到损害，但外力无法把灵魂分割成一块一块。细菌可以破坏器官，但侵蚀不了人的灵魂。总而言之，那些能破坏我们肉体的东西，在灵魂面前是无能为力的。所以，身体即使可以会有残缺，但灵魂仍可以保持完好。

我们经历着外界的种种苦难，我们的肉体受着外界不断的摧残。在现象世界中，我们是无可奈何的，是无法阻止这一切发生的。但是，对于我们的本体世界，我们是主人。任凭外界风吹雨打，我们的内心生命都是不屈不挠的。我们要活下去，并且是有尊严地活下去。

如果不是疼痛和欲望的侵袭，我们感受不到各个器官的存在；如果不是善恶交织、是非混乱，我们也感受不到灵魂的存在。灵魂是什么样的呢？或者说，灵魂是什么？每个人都有自己的理解和看法。

十月五日　超脱是人生的大智慧

　　超脱是指一个人不受传统的约束，敢于追求自我价值。不过，对于悲观和执着来说，它是在二者不断冲突和和解的过程中形成的。这该如何理解呢？悲观和执着二者是背反的，因为悲观的人难以执着，而越是执着悲观的情绪就会越强烈。这时，索性一分为二。把执着的我当作不是真实的我，让它继续走在执着的路上。没有了悲观的影响，执着就会畅通无阻。而那个悲观的我，因为没有了执着的牵绊，也变得越来越近乎超脱。当这个我把一切都看得淡薄时，把一切都看作身外物之时，就达到了真正超脱的境界。

　　执着说明对人生充满了热爱，所以不放弃对生命的进取；悲观说明把人生看得透彻，所以难免影响情绪。执着和悲观总是在斗争中握手言和，于是就出现了超脱。因此，超脱之中夹杂着悲观的执着和执着的悲观，二者在超脱的照应下形成了一种恰当的关系，实现了相对的平衡状态。除了佛，凡人不可能一下子就顿悟人生。况且佛也是在经历了很多磨难之后才成为佛的。

　　对人生而言，不管是悲观还是执着，都是一种诱惑。看破了红尘，却陷入了绝望之中，归根到底还是执着在捣鬼。这种执着是对红尘的恋恋不舍，是对情缘的割舍不断。要想在红尘之中做一个真正的觉悟之人，就要抵制住红尘的诱惑，以一种睿智的眼光看待红尘中的一切。也就是说，身在红尘，却有一颗超脱之心，才是一种智慧。

　　人生是虚无也是全部。这取决于看它的人怎么看。对于悲观者来说，人生什么都没有，是一个零，是虚无的。但是，执迷者因为要占有人生，他把人生看成全部。但是，这两类人都不是真正的智者，没有领会到智慧的真髓。真正的智者是把两者的观点融合在一起，然后又超出这二者的范畴。他把人生看成是零和全部的统一。也就是说，在零和全部不断相互否定的过程之中，智慧行走着。

每个人都有慧根，只是深浅不同。有的人在经历一些小事情时就会觉悟，而有的人必须在经历大风波时才能明白事理，开悟人生。挣钱是靠勤奋、聪明和运气，但是花钱的时候，就需要智慧了。一个人品味的高低，只有在花钱的时候才能真正体现出来。你，是一个有智慧的人吗？我希望你的回答是肯定的。

十月六日　思想的复杂性

要揭露真相，需要一颗平和的、全神贯注的心。这样的揭露是具有创造性的，可以让我们得到解脱，摆脱复杂。正是一次次复杂的智力活动，我们才陷入其中不能自拔。因为在复杂的活动中，好奇和神秘并存，但这反过来增加了生命的复杂性。心智虽然可以锻炼我们的头脑，让它变得专注，但是不能带领我们去看到真相，所以并不能给我们真正的智慧。

我们常常分心的原因是不了解思想和感受的整个过程。思想不完整就会导致幻觉出现，让我们不能认识真相。既然如此，就应该深入地了解一下幻觉，才能跳出各种分心的活动。很多事情都会让我们分心，所以我们必须静下来。

思想是复杂的，变化不止的。对永恒的追求是思想不变的目的。永恒的存在是思想的产物，思想不在，永恒就不可能成立。各种各样的特质构成了思想者，它们之间是不可分割的。那些掌握权力的人，要想看清实相，就要认识到事物之间的二元对立关系。

十月七日　人的感觉力把世界现象化

世界是一个由各种各样的因素所构成的一个有机的整体，而不是七零八落的。这各种各样的因素其实指的就是我们的感官和思想。我们看到的世界不是抽象的，但却是有一定的范围和特质的。范围和特质出自于我们的感觉，比如形状和颜色。在这个现象世界里，力的表现形式是多种多样的。除了物理和化学的作用力之外，人的感觉力也是现象世界中不可缺少的。正因为人有感觉力，这个世界才具象化，才不至于成为形而上学的世界。

人的内在世界是在人的感觉之下形成的，这个过程不是一蹴而就的，而是缓慢的。我们对自己的感觉力还比较陌生，甚至还不敢承认感觉力的作用，不敢靠近它。但是，现象世界一旦到达我们的情感领域，就要经历各方面的重重考验。之后，才能真正属于我们。

现象世界的存在是必须的。我们在这个世界里不断地成长，不断地完善自我、丰富自我。正是各种各样不同的变化，我们才成了伟大的人物。现象世界是我们人格的一部分，它是不允许消失的。否则，我们的人格就会因为它的消失而变得残缺了。当然，那些小人物也是在现象世界中练就的，只是他们的人格出了问题罢了。

十月八日　思想与思想者的对立

不管我们看到什么，总有一个与看到的东西对立的人存在着。这个人的称谓可能会有不同，我们可以叫他们观察者或思想者等等。在生活中，有观者，就有被观者，有思想就有思想者，这是对立存在的。而对立的存在，正是冲突和矛盾的根源。有了矛盾和冲突，我们必然想着去解决它，或者作出一些努力去改变。在这之中，所有的一切都和时间有关。二元对立的存在，让我们有了时间感，而这又带给了我们痛苦。

怎样才能把人和思想融合到一起呢？这种融合不是靠意志力和其他的力量控制的。只要有人在其中捣乱，就意味着会产生分离。只有心静的时候，才会出现这种融合。而念头也要随着慢慢平息。这样，没有了概念和结论，烦恼也就不存在了。躁动的心是不可能有深刻的理解的，这一点我们时时都要记住。对一件事情过于认真的时候，需要自发性来缓和。在意外的时候，实相就会出现。所以，要保持一颗开放的心，一颗敏感的心，时时准备着觉悟真相，而不是给自己构筑一道墙。

十月九日　沉思是认识最高真理的必经阶段

很多时候，我们占有了一些东西。虽然这种占有只是外部的，但其实这些东西与真理是相联系的。所以，这样看来，我们并没有占有它们，因为真理是无法占有的。相反的是，这些东西却把我们占有了。举个例子来说，我们常常用金钱来衡量一个人劳动的多少。而劳动的主体是人，那么，现在把劳动和人分开，并且把劳动变成财富。这样一来，外部的财富就成了我的东西了。知识的获得，一方面是来自他人，一方面是来自自我。来自自我的知识需要长期的观察和推理，与自己的生活体验密不可分。这样，知识就是被我们占有的。在这些复杂的过程中，对外物能量的展示，生理和心理采用的方式是不同的，但都不同于沉思。

而沉思在我们认识真理的过程中是极其重要的。不沉思我们就永远无法触及最高层次的真理。要想与真理交流融合，我们需要把自己的意识融入沉思之中，先从外界收获东西。每个人是否能够真实地存在，是通过言行来体现的。而只有我们的灵魂与最高真理产生关联时，言行才显得崇高而伟大。

十月十日　灵魂在场

日常平凡的生活是每个人都要过的，即使你再超凡脱俗也不可能不过生活。但是，我们不能说灵魂在日常生活中就不存在。那些积极享受精神生活的人正是受到了灵魂的召唤，才去追求精神的。因此，灵魂并不是仅仅出现在极端的情况下的。

其实，世人的生活都差别不大，真正大的差别在于灵魂的不同。灵魂是一个人的精神家园，与个人在现实生活中的财富多少没有必然的关系。在灵魂的家园中，灵魂把现实中的一切物质都联系了起来，让它们共同为人类服务。

我们经常提到的意义，只有在人与事物之间产生关系时才能体现出来。而正是人与事物之间的这种关系，才把零碎的东西组合到一起，人生才是一个完整的整体存在。世界上的万事万物并不是都是用金钱来衡量价值的，它们昭示的希望和信心才是真正对人生起作用的东西。

灵魂不喜欢结伴，它总是踽踽独行。所以，众口所指的地方没有灵魂的存在。但是，灵魂不会抛下世人不管，它会站在不远处观望着。在你们吵吵闹闹之中，灵魂会发出自己的声音。

十月十一日　认识当下的自己

想要了解自己的话，不需要什么经验的积累，也不需要透过知识去分析。因为不管是知识还是经验，都是过去的东西，都只是一些记忆而已。想要真正认识自己，就要注重每一个当下，在当下的时间里进行。对自我的认识如果只是建立在累积的基础上，我们的认识就会止步不前，想要进一步了解就会比较困难。在这种情况下，如果时间久了，知识和经验积累得越多，我们的思维活动就越集中。

十月十二日　学习不是积累知识

从某种程度上来讲，学习和积累知识的活动是矛盾的。因为我们的心是空的，所以需要学习。而知识是靠一点点累积起来的。学习需要不断地进行，是没有任何欲求的。所以说，对学习而言，没有权威的心态存在。但和学习不同，知识需要权威。不过，若是沉浸在权威之中，是无法学习的。唯有放空才能学习。

学习和求知有什么不同呢？很多人都区分不开。心智积累知识的过程是贪得无厌的，只是在已知中添加东西而已，接着又从知识里产生行动。在我的观念里，学习是与这些不同的，它不是单纯地对知识进行添加。它抛却了过去的知识，是一种真正的学习。也就是说，就用现在的知识而不是过去的知识来诠释一切。

单纯的心懂得学习，陈旧的心只能算是累积知识。一颗心在不失纯真的情况下还能产生洞见，能在不累积知识的同时去认识东西，获取新知，那说明这颗心已经成熟起来了。

十月十三日　通透实相

在现实生活中，想要辨认出实相是不可能的。那么，实相在什么时候才会自己出现呢？只要把所有的知识、经验和信念都消解掉之后，实相才会出现。

在追求知识时，如果是刻意的，那么就不会发现实相。一个品行端正的人不一定是个通透之人，甚至可以说绝不是一个了悟之人。要想通透实相，就必须让实相与自己并存。正义感是一种美德，但我们不能说有正义感的人就能把实相看透。对他来说，美德只是一种自我强化，他的追求也一直是美德。因此，现在看来，淳朴是多么的重要。这里所说的淳朴既包括物质上的，也包括精神（知识）上的。

物质财富丰富和学识渊博以及信仰深厚的人，看不到光明是什么，伴随他的常常是不幸和灾祸。但我们可以从自我的整个运作方式中认识爱，了解爱。并且，我可以肯定地说，爱可以改造整个世界。爱和自我没有关系，太过自我的人永远看不到爱的存在。可是当我们说出"爱"的时候，爱就会消失。当你真正体味爱的时候，就再也找不到自我了。

十月十四日　冲破创造性的障碍

在你没有读过任何书的情况下，该怎么弄明白生命的意义呢？假如比你高深的所有大师都不存在了，你该如何进行分析呢？首先要把自己的思想过程了解一下。那种把思想放到未来的做法是幼稚的。只有首先了解自己的思想，我们才能在思想中发现新的东西，也就是"温故而知新"吧。

技术上的知识并不会对我们造成障碍，甚至可以带来一定的效能。给我们造成障碍的是另一些与众不同的东西。这种东西是一种创造性的快乐，但却不是知识所能带的。什么是创造性呢？简单来说就是挣脱历史的束缚，而不让它挡住现在。创造性的障碍很多，如经验、观点等都是知识的障碍。要想有新发现，必须学会抛弃旧知识，然后从头再来，继续前行。因为有了经验的指导，我们做事情太容易了，所以一切就显得不真实了。

十月十五日　思想是不完整的

思想来自记忆，记忆是不完整的，所以思想也不完整。记忆来自经验，思想则受制于经验。因此，不管是思想、经验还是记忆，都不完整。想用思想解决一切问题，是不可能实现的。当我们用理性的逻辑试图解决问题的时候，反观自己的心智，就会发现：思想受到种种外界因素的制约，如气候、压力、文化等。

所以，我们要明白这一点：思想不过是一种机械化的记忆反应。因为人类的知识是不断发展着的，所以知识中所包含的思想也是具有局限性的，是不自由的。有没有和思想无关的自由呢？我们还需要探索。

十月十六日　知识源于头脑

语言描述的东西不是真实的，真实的情况还需要自己去体验。当我们说"鸟"的时候，肯定不是真实的"鸟"。当然我们挂在嘴边的"爱"，也不是爱本身。所以，我们不能把事实和文字混为一谈。在探索知识的时候，如果仅仅局限在语言的层次，如果你只停留在语言文字的层次来探讨知识，永远不知道实物是多么的妙不可言。

那么，我们要问：什么是知识？简单地说，知识是帮助我们逃离苦难、生存下来的一种东西，是一个人思想的全过程。知识来源于头脑，没有头脑就没有知识。这样看来，头脑和知识是不同的两样东西。一旦头脑受到伤害，知识就会变得残缺。人世间的苦和乐都被一个个头脑记录了下来，把经历的一切整合到一起，也就成了知识。当然，这只是我的一家之言。

十月十七日　知识与智慧有别

对知识的追求，让一个人丧失了爱，对美的感受越来越弱。我们变得如此残忍，但我们却不知道。在做事情的时候，我们确实专业了，但也确实不能把很多东西综合到一起了。想要用知识取代智慧是不可能的。单凭说辞和事实是不能把人类的痛苦解决的。当一个人的脑子里塞满了知识，但却没有用这些知识对痛苦进行深入探索的话，那么生命就会变得肤浅，甚至毫无意义。当下是一个信息泛滥的年代，各种知识充斥在我们面前。但是，事实上，这些知识在本质上是受到约束的。智慧就不一样了，它把知识容纳的同时，也包括了人类的正确行动，是无限的。一叶障目的片面知识永远体会不到整体的东西带给我们的喜悦。因为理智的不完整，所以它看不到整体的东西。

感受力和智力是可以分开的，也是常常必须舍弃其一的，是不可兼得的。也就是说，我们的平衡性越来越差。我们的教育在竭尽全力地培养智力而非更为重要的智慧。事实上，只有智慧才能把理性和爱整合到一起。只有深入、全面地了解了整个自我之后，才会有智慧产生。

十月十八日　知识的本质

关于知识的本质，你有没有认真思考过呢？在大多数情况下，知识和它所从事的活动不会对人们的生活产生什么影响。但是，一种纯粹的情感若是受到了知识的干预，我们就会变得平凡了。所以我们要保持清醒的头脑，不把知识和情感混到一起，更不要让它们相互破坏。

为了获得一种安全感，知识一直在不停地运作来检查可能发生的情况，以此来提供一些答案和结论供人们参考。我们的知识活动的主要表现就是一直在不停地找答案，找结论。这样看来，知识是为结论服务的。因此，我们的探索和思考能力就慢慢地失去了。

十月十九日　学习无始无终

我们为什么而学习？什么是学习？学习的方式有哪些？为了现实的需要，我们不断地累积着知识，甚至对知识而上瘾。但是，积累知识到底是不是学习呢？在我看来，通常人们所说的学习其实并不是学习，不过是对旧知识的记忆罢了。就像一台不停运转的机器，它能学到什么呢？因此，我指的学习是另外的一种东西。

当一个人说"知道"的时候，说明他并没有一直在学习。与学习比起来，知识只是片面性的。在学习时，不能带着观念，否则只是机械化的运作。在我看来，不断地认识自己才是学习。学习的过程是无始无终的。

十月二十日　洞见让人解脱

对真相的立刻洞察是很重要的事情。在生活中，你肯定遇到过洞察真相的时刻，比如某一天你突然觉察到自己从不属于任何的组织，只是一个单独的个体，这就是一种洞见。这时，没有分析，没有思考，没有心智活动，就是一下子看到了。当然这和直觉是不同的。当然，要想做到这点，你的大脑本身要具有分析的能力和敏锐的洞察力。不过，如果受制于逻辑分析，真相就无法洞察。

在和自己深入交流时，就能找到我们总想归属、把自己奉献出来的原因。在这之中，你就能洞察到自己内心深处的奴性以及欠缺的自尊和对自由的否定。当你明白了这些，也是一种解脱。所以我们才说，最重要的解脱办法就是洞见。

十月二十一日　误解完全是消极的

　　说到误解，大家可能都很痛恨，因为误解之中处处都存在着偏见。因为误解，我们一直都在想着办法去化解，去消除。误解让一部分人心里难受，一部分人大费周章，所以尽量避免误解是很多人的生活态度。但是，也有人从误解之中学到了很多东西，甚至因为误解他们更爱那些连自己都不懂的东西。

　　如果你希望对一件事情进一步了解，在这之前，误解就成了一件非常有意思的事情。它能让我们从中收获很多。

　　南方和北方的气候是有差异的。因此，南方人由于误解爱上了北方的白雪，北方人由于误解喜欢了南方的炎热。南方人的思想让我们懂得了洁白的价值，北方人的思想让我们明白了温暖的价值。东西方人的生活方式也是差别很大的。因为误解的存在，他们相互羡慕彼此的生活。对于四季来说，春夏秋冬也是互相羡慕的。人类不了解自然，所以才创造出了许许多多有趣的神话故事。人与人之间的误解，为以后更好的沟通打下了基础。

　　误解的产生是因为每个人都不是全能的，自然无法对所有的事情做出准确的判断。误解是永远不可能避免的。对待误解的正确态度是把它当作一种更好的交流的工作，从而加深对彼此的理解。

十月二十二日　心智是无法控制的

　　心智的思考模式永远是固定的。或许对我们来说，心智是不接受外界的控制的，但实际上，从深层次来看，人们的心智还是受到时间的、传统的制约的。一颗心，若是有意识的话，可以自我控制，不过在潜意识中，这颗心仍然会有冲动和迷信。

　　是时间造就了心智的宽阔的领域，它在接受各种信息时往往是盲目的，不加思考的，所以冲突才想要不断去调整。心智有了欲望，我们就会有无尽的挣扎，有无尽的矛盾。这样，无论我们对快乐是如何的渴望，都不会快乐。对暴力来说，因为它存在于我们心里，所以我们才创造出了非暴力的概念。心灵就好比一个战场，里面有各种的冲突和矛盾。在生活中，我们常常说要追求安全感，但其实所谓的安全感是根本不会存在的。但是我们不相信安全感不存在，因为我们害怕自己处在一个缺乏安全感的环境里。

十月二十三日　重拾美好的记忆

　　岁月易老，年华易逝，所有珍贵的记忆都值得保存。但是，我们把那些美好的童年和青春的记忆存到哪里去了呢？我敢肯定，一定有一个地方来保存这些记忆，不然为什么我们还能常常回忆起来，还不忘时时去追寻呢？心灵是不是有一个藏宝洞，有时我们把藏宝图弄丢了，找不到这个调。有时虽然找到了这个洞，但却不知道该怎样打开洞门。不过，突然我们按动了洞门，于是洞门开启，我们看到了宝藏，从前的日子——都浮现在眼前，仿佛再次置身其中。

其实，心灵有一间密室，只是我们忘记了进入密室的密码。当突然的一个瞬间我们感到一种难得的喜悦和幸福时，那肯定是你在无意之中把密码输入正确了。于是往日的美好都出现了，你开始继续享受这久违的时光了。

十月二十四日　幻想

幻想并不是虚无缥缈的，它有时是那么的真切。

幻想像飘过衣袖上的和风，像玻璃上的霜花，尽情开放在梦想的原野之上。

古往今来，那些伟大的诗人，在诗歌里尽情幻想，描绘出宽宏的画卷。屈原李白都是杰出的代表人物。

幻想让我们的生活更加丰富多彩，让我们的人生更加争奇斗艳。幻想孕育在春日的百花里，夏季的凉风里，秋天的收获里，冬日的沉静里。只要我们存在着，幻想就形影不离。

看看人类那些伟大的发明，有多少不是从幻想中来的呢？因为幻想，我们才一往无前地行动了起来；因为幻想，我们把所有的不可能变成了可能。

青年们，大胆去幻想吧。有幻想就要想尽一切办法把它实现。你终会发现，幻想是多么难得的一种精神！

十月二十五日　记忆有两种形式

思想只是神经系统的反应，当外界的事物刺激神经系统时，思想就会产生。在积淀的记忆当中，思想经常出没。过去的时间里，我们遇到的一些人都曾给我们带来影响，从而促使我们思想的产生。所以，我们可以说，记忆里的反应让我们产生了思想。没有记忆的活动，也就没有思想可言。面对某种经验时，我们的记忆会产生反应，此时，思维就开始起作用了。

什么是记忆呢？当我们仔细观察的时候会发现记忆有两种基本的形式，一种是技术的积累，另一种是不完全经验的积累。这两种积累共同构成了人们的记忆。如果一个经验彻底完成了，就是完全的经验，否则就是不完全的。在面对经验时，我们常常凭借以往的记忆来看待，而不是以全新的面貌去看待。显而易见，我们对记忆的反应永远是受到限制的。

十月二十六日　理智和情感

理智和情感是截然不同的。理智总是在不停地衡量自己的行动是不是值得的，会不会给自己带来好处。而情感则是一种强烈的感受，这种感受的对象是世界上的万事万物。不过，一旦情感和理智结合到一起的时候，自我就不见了。理智会破坏一个人的情感，让人变得平凡。这种情况我们在生活中常常遇到，也是大多数人的通病。在我们不断地算计之时，不管是在物质层面还是精神层面，我们都会考虑自己的利益。

传统和记忆会把一个人的心智慢慢地改掉，因此，对每一个人来说，我们很难确定自己的心是不是在不保存什么的时候还能经历那么多这其中的差异，你明白了？清楚吗？如果明白，我们在累积知识时就不必渴求获得足够的经验。

对一个人的伤害也是一种经验，因为受伤，我们把这种难受的感觉记录下来，慢慢地越积累越多，就成了我们生命中抹之不去的背景。紧接着，在这个背景之中，或者说穿过这个背景，我们再去观察你。我们每个人在生活中经历的平常事，常常都被我们记录下来。那么，有没有人即使受到了伤害却不把这种伤害放到心里呢？

即使别人故意地伤害你，并且伤得很深很深，但是假如你把这件事情看得很淡，这件事情就不会在你的生命中留下深刻的印记。以后的每时每刻，当你面对他人的时候就永远是全面的面貌。而只有这时，我们的心才是自由的。

十月二十七日　苦乐都是主观的

真正的苦与乐其实不是取决于所处的环境，而是要看一个人的主观心态。

在生活中，我们常常看到一些人虽然处境艰难，但他们仍然能够心安理得地去生活。但是，在同样的环境中，有的人就做不到。能安于生活的人就一直生活下去，不能的则不得不再想想别的办法。

能不能获得成功，在哪里会取得成功对一个人来说是很难的。即使获得了成功，那我们会不会因此而喜悦万分呢？这些我们都是无法肯定的。那些不满足的人在不断追求和争取的过程中寻找快乐，但是他们获得的快乐很少。不过，这样的人往往会取得成功。

每个人生存的客观环境并不一定能决定一个人是苦还是乐。就如一个不爱车的人，你再怎么在他面前炫耀，他也不会感到自尊心受到了极大的伤害。一个甘于清贫的人，并不会去羡慕那些所谓的高官厚禄。

因此，每个人都有自己独特的生活方式，我们的爱好决定了我们要去的未来。而我们的兴趣就是每个人最大的资本。我们的性格决定了我们的命运。各自过好，相安无事。

十月二十八日　保持不满足之感

　　很少有人想着去真正关心宇宙的事情。当风吹过的时候，你有进一步深刻思考风是怎么来的吗？看着地上的小草，你有弯下腰去摸摸它们吗？可能有人觉得这是情感泛滥，但其实这反映了一个人有没有深刻的感受力，以及能不能不受各种世俗观念的约束而进行自我反省和检讨自己的行为。

　　一个人就算再理智，可是理智也是有限的。想要从理智中获得充足的养分是不可能的。理智给予我们的，只是一些推理的方法和结论性的东西。但是，与理智不同的是，一个人的感受力是自由无阻的，当你处于焦虑和困惑之中的时候，感受力帮你获得解脱，让你摆脱不安。从出生到死亡，我们用一生的时间不停地学习，不停地培养自己的智力。我们从哲学中学会了辩证思考的能力。我们穷尽一生，只是为了想把自己变成理想状态的那个人。可是，我们忘了，眼前的这个世界才是最美好的，才是充盈的。心智往往会带了谎言，但这个世界上的景致是属于我们的，这是个不容改变的事实。但是，我们不得不说自己是遗憾的，因为我们总想着用自己的思维，也就是所谓的理智、狭隘的观念和思想把美好都分割掉。为了安全，或者为了有更多的机会来成就自我，人类才划分了各种各样不同的区域。这个世界，每天都在进行着一场场的游戏，人与人之间钩心斗角。我们早就忘了，原来我们是有可能在这片大地上快乐地生活的。

　　只有在心中保持着一种不满足的感觉，我们才能去探索，去思考，去发现，然后知道什么东西对一个人的生命来讲才是重要的。在大学的校园里，我们心怀着对现状的不满足，浑身上下都是热情。不过，只要有了一个工作，这个工作还算不错的时候，不满足就退居二线，把满足摆到了前台。我们的努力奋斗不为别的，就只是为了养家糊口。为了生活的需要，不满足必须被埋葬。这就不难理解，我们为啥成了一个个满足于现状的平凡之辈了。

要想探索和发现一个人为什么总是不满足，那么就需要点燃这个人不满足的火焰，并且不能让火焰灭掉。唯有如此，才是正确的方法。可人们已经把自己陷入满足的漩涡之中了。那些美德、概念以及公事、法则就像一剂迷幻药，满足了我们的需要。对于这样的情况，我们已经习以为常了，并不会大惊小怪的。我们不是，也没必要想着去把不满足感消除掉，而是应该想办法让不满足的火焰继续燃烧下去。想想我们读过的经典著作以及了解到的那些精神上的导师，似乎都是想尽办法说服我们安于现状，满足于现状。一个人，只要在不满足的感觉之中才能看到事物的终极实相。因此，把不满足继续下去吧。

十月二十九日　正确对待不幸

理智就是一个人用以认识、理解、思考和决断的能力作出的选择、判断。它是残酷的，就像是一个提前设好陷阱的猎人守株待兔般地去捡那些奄奄一息的猎物一样。

理智控制着情感，让情感原地不动。正因为如此，我们才能腾出更多的时间去做想做的事情。

我们不停地工作，但总有疲倦的时候。这时，我们可以把情感放出来，让心自由地在无边的世界里去飞翔。但是，我们不能因此而得意忘形，把理智抛到一边。理智就是我们正在做的工作，是我们的事业。失去理智，人生的光泽就会变得灰暗很多。

成功的人大都是有理智的人。否则，如果只是靠情感和运气，不足以成就我们的事业。在人的一生中，会有很多不幸的事情发生。行走在世间，总要经历风吹雨打，总要走一些泥泞之路。人生不只是艳阳高照，还总会有乌云满天的时候。

生活中，有幸运就会有不幸，这都是司空见惯的事情。面对不幸，我们不应该只去哀叹，而应该反思自我，从不幸中找到对自己人生有价值的东西。我们都明白，事物总会向相反的方向转化。只要对不幸加以引导，就能产生好的结果。人这一辈子，谁不是在高高低低的跋涉中慢慢前行的呢？越是不敢面对不幸的人，不幸就会越缠着他。因此，正确面对不幸，不幸才能引导我们走向成功，走向幸福。在这个过程中，我们甚至可以做出让人无比惊奇的事情。

对每个人来说，人人都可以通过不幸来检验自己的意志。意志坚定的人和意志薄弱的人在不幸中的表现是不同的，自然结果也是不同的。不屈服于不幸，就能减少痛苦，甚至消除不幸；相反，一旦意志崩溃，不幸就会把我们吞掉。学着把不幸当作前行的阶梯吧，这样跨过不幸之后，我们就会迎来美好的明天。

十月三十日　自发性是不可预知的

在什么情况下人才能认识自己呢？简单地说就是在没有自觉意识的情况下才有可能。当你心无杂念，不去想着面对什么，把心完全打开的时候，真相就会趁你不注意的时候悄悄地来到你身边。当真相到来的时候，你的内心是毫无防备的，也是没有任何欲望的，更不用说什么算计和控制了。

反过来说，一颗对任何事情都有准备的心，对于将要到来的一切是无法认知的。你若自大或自欺，对于那自发的未知，你永远无法领略到、体会到。

一个人的自发性，常常出现在没有理智或理智不做任何防备的时候，并且自发性发生在人的内心深处，是新鲜而创造力旺盛的，是不算计而不可预知的。你必须用心关注自发性，不过，意志必须停下来，理智也不应该干涉意志。在通常情况下，快乐和喜悦的到来都是自然而然的，在你还没有预料的时候，它们就发生了。

十月三十一日　心智与满足

心若安静，便生了悟。人生中很多非凡的洞见都是在安静的状态下产生的。要想发现事物的真相，比如妻儿、邻居等，需要一颗安静的心。当然，想要获得一种安静的状态是不容易的，也是无法培养的。如果刻意去做的话，我们的心会变得越来越僵化。

对于感兴趣的东西，我们十分愿意去了解，愿意在它们身上投入精力。而在这个过程中，我们的心慢慢地变得通透和自由。哪还有停不下来的别的念头呢？什么是思想？不过是一些文字罢了。对我们造成干扰的往往也就是这些密密麻麻的文字。我们常说的思维作用指的是在挑战来临时，我们对挑战做出的反应。心若不安静，真相就会一直被埋藏。在这时，你以为你了解了真相吗？其实那根本不是真相，是一种抽象的真理。真相是不会光明正大地来临的。当黑夜到来的时刻，也是真相来临的时刻。

对于内心深处那种不满足的感觉，我们错误的做法就是把它抹杀。但这样是不可能看到真相的。正确的做法应该是正视不满足。只有如此，才能对真相有所了解。在了解真相之后，一种满足之感才会踵踪而至。我们的思想造不出来真正的满足，满足是在一个人了解真相之后才出现的。有人说，心念是和满足没有关系的，更不可能和真正的满足建立联系。这是因为，一个人的心念之中，填充的都是焦躁不安和不完整。当这样的心念试图找到平和时，其实是在逃避眼下的真相。

当下的真相，总是被心智以各种各样的借口和理由改变。心智的目的其实很简单，就是想要让自己处于一个祥和的状态之中，在其中不受打扰。当眼前出现了不如意的时候，我们的心智就会迫切希望改变这一切，改变看到的这些真相。但这并不是一件简单的事情，想改变真相，却又不得不被困在各种规则之中。当心没有欲望去批判、比较和改变眼前的真相时，一种满足之感就会到来。这种满足与心智活动是没有关联性的。

满足若是从心智中生出的话，必然是贫乏单调而固化的。若不是从心智中生出的话，它应该是出现在我们对眼前的真相有所了解之后。这种满足是一种力量，可以改变社会和个人之间的关系。

冬

安下心来生灭

冬季更让人沉稳，
我们可以安下心来思考关于更高层次的智慧，
比如生死。
而正是在这个季节，我们可以把人生看得更加透彻，
从而更深地理解人生的意义。
有人说，冬如老年，当看尽了繁华之后，
不妨在这个季节给自己的人生来一次总结。

十一月

慈悲是一种品质，也是一种爱，它和心智活动没有什么关系。当你意识到自己的心失去自觉意识的时候，在你的状态之中必然充满慈悲和爱。不必刻意地去宽恕自己，否则，你越是不想受到伤害，受伤的感觉越会被强化，结果就不能真正地宽恕自己了。所以，如果在培养美德的时候是有意识的话，爱就会消失，慈悲也难以再出。要记住：努力培养不出爱和慈悲。

辑一　时间

十一月一日　打发无聊

活在世间的人都有时间。时间对每个人来说都是宝贵的。鲁迅先生说过：时间就是生命，是我们每个人终生的财富。没有一个人希望自己的生命在转瞬间就走到尽头。虽然大家都明白这个道理，但却无时无刻不在浪费着时间，耗费着生命。各种各样的琐事占据着我们的时间，把我们同时间分开，让我们产生错觉，似乎感觉不到时间在流逝。

每个人都爱惜自己的生命，这一点上没有人是例外的。我们不愿看到生命那么快就消逝不见。但是，我们却不愿意让时间停下来，这是不是一件很奇怪的事情呢？我们总要找一些事情来做以证明时间一直在流动着。其实，时间是空无所有，我们感到无聊和害怕。

无聊是一种可怕的状态。在无聊的时候，我们会觉得不管做什么都是索然无味的。当然，无聊并不是说我们很疲倦，也不是说我们没有精力去做什么，只是我们不知道要去做什么：有欲望，却无对象。无聊的存在看似短暂，但却深深地根植在了人生之中。

面对无聊，我们要懂得找事情做来摆脱这种状态。不过，总是会有些无聊让你无处可逃。我就是想什么都不做，想不让任何人打扰。这种无聊，确实棘手。

十一月二日　过去的总是美好的

人生最美的时光永远是过去的时光。想一想是不是这样呢？小时候吃过的东西现在再吃已经没有那种喜悦和幸福；小时候听过的歌曲，现在再听，已找不到那时的心境；小时候看过的风景是那么美好，现在再去看，已经没有什么特别的感觉了。所以，幸福一直属于过去。

也许有时候，为了找回某种特别的回忆，你再一次踏上当年的土地。结果呢？所有的感觉荡然无存。我们停下来思考原因的时候，才知道原来周围的环境都变了，心境也变了。当年那个世界已经找不回来了。我们的心灵世界也在周围环境的影响之下，慢慢地转变了。所有的爱和忧愁，喜悦和美好，都永久地收藏到回忆中了。

十一月三日　空寂是培养不出来的

彻底从社会中解脱出来才能称得上是空寂。否则，其他都不是。当然，空寂也不是一种哲学理念。对于权力带来的不同的影响，我们要保持一颗洞察之心。看着那些操练的士兵，是不是觉得可怜呢？他们像机器一样重复着自己的动作。炎炎烈日之下，站着的是我们每一个人现在或未来的孩子。类似的情况很常见，只要一个团体具有权力，就都会出现这样的情况。

真正的空寂是不归于任何事物的，它的心是自由的。因此，空寂不是培养出来的。当你明白了这一点，就能从世俗之中走出来，什么饭局牌局的就和你没有什么关系了。心正是有了这样空寂的状态，才会变得谦卑。要想真正了解爱和权力的深刻含义，就必须把心置于空寂之中。那些野心勃勃的人，怎么可能懂得什么是爱、爱是什么？因此，看清了这些，就不要顾虑那么多了，大胆生活，大胆行动起来吧。当你真正认识了自我，这种状态就会有了。

十一月四日　心理上的时间感

解脱是需要心理上的时间感的。我们在一些宗教的教义中是可以找到类似的观点的。我们都太平凡，所以无法触摸到天堂，更感受不到天堂。那么，该怎么办呢？我们必须借助某个超然的对象来转化自己。但是，这不是问题的所在，我想知道的是能不能在第一时间就把恐惧克服掉，或者说从恐惧中解脱出来？因为恐惧的确不是太好，它常常带来一些混乱，让人理不清思维。这里的混乱主要是针对内心而言的。

对于人类整个进化的概念，我是常常保持怀疑的。某一种形式已经得到了思想的认可，此形式在一定的时间之内存在着。人脑已经经过了数百万年的进化，但是进化并没有停下来，随着时间的推移，人脑还会不断地演变和进化的。我已经在这个世界里活了几十年，这个世界由各种各样的理论所组成。但是，我看到的都是一些丑恶的东西，嫉妒和恨无时无刻不存在着。而我其实就是丑恶之中的一部分。

痛苦的人是不喜欢在时间中慢慢进化的，因为那是毫无意义的。再花几百万年去成长的话，对于每一个现世的人来说都是不可能的。想要解脱恐惧和时间感是不是有可能的呢？我们也不得而知。对物质而言，时间必须存在，无法摆脱。我想问的是，社会要想有秩序，个人要想活得有规律，要借助心理上的时间感吗？其实，我们每个人都是社会的一员，我们不能脱离社会而存在。对一个人来说，内心的秩序很重要。我们的心不乱，社会也就井井有条了。

十一月五日　了解烦恼的内涵

心智受到限制之后，那种超越时间的境界就不会被发现了。在过去的时间里，我们的心智一直在受着制约，现在如此，将来也是如此。在时间的长河里，心智一直受着局限。那么，心智为什么要去追求这种境界呢？因为在心智里矛盾和恐惧都存在着，所以我们一直想着超越。受制的心总是充满着冲突、烦恼、恐惧、不确定感，因此才会去追求那个超越时间的境界。在追求时，我们用着各种各样的方式。可是，心智存在于世间之中，能不能发现一种在时间之上的境界呢？

因为我们一直遵循的一切在不停地遭受着各种各样的破坏，所以在我们的内心深处迫切需要一种安全感。在一生中，我们不断地面临着冲突和挑战，我们想要的往往得不到。这是个不容置疑的事实。不管你对周围的世界抱有什么样的看法，的的确确烦恼一直萦绕在我们身边。那么，我们对什么感兴趣呢？我们所感兴趣的就是迅速找到答案把问题解决掉。可是，我们忽略了一个问题：这些答案能让我们感到满足吗？未必。我们的烦恼最终还是解决不了。要想解决烦恼，最重要的还是把烦恼的内涵了解清楚。

十一月六日　悟境没有延续性

人世间的很多东西都是没有延续性的，比如实相或悟境。它们往往来去无踪，于刹那之间到来或离去。为什么呢？因为实相或悟境已经超出了时间的范畴。若是不信的话，你可以身体力行地去检验一下。悟境发生于瞬间，是无法也不可能延续的。我们看到的一切和知道的一切是不可能给自己带来这种了悟之感的。假如你对一种恒久不变的境界产生了渴望，那说明你还是在追求一种延续性的东西，这种东西还是在时间之内的。这样一来，想要获得一种超越时间的境界是没有希望的了。

十一月七日　心理上的时间感

我们常常提到时间的问题。在这里所说的时间并不是外在的。不过外在的时间是不可缺少的，否则我们就没法上下班，或与爱人共度晚餐了。但是，如果涉及心理层面，或者说时间感建立在心理之上的时候，我们所认为的明天还是不是会存在？这种时间感是从哪里来的呢？思想？如果思想无法改变，就只好把观念推了出来，让其慢慢地演变。

生命的变革是不可少的，这是人类要做的重要的事情。这里的变革对象包括思想和行为。不过，我们常常会说"明天的我就不是今天的我了"，这即是从心理上来谈论的时间感。昨天、今天和明天的延续，是很自然的事情，再正常不过了。我们用过去的经验解释着今天，在解释今天的时候，就把明天造了出来。或许这是个矛盾，是个恶性循环，但是这就是我们所说的生活嘛，这就是我们的时间嘛。

　　不管是希望还是孤独绝望，都离不开时间的存在。想要超越时间的境界是困难的，只有让心智从经验和时间感中摆脱出来才有可能。

十一月八日　时间即是思想

　　在某种意义上，时间和思想可以画等号。思想是一种活动，它用自己的能量把昨天、今天和明天全都创造了出来。在这之后，思想又成了我们追求成就的手段，也可以看成一种不同的生活方式。时间是重要的，有多重要自然不必言。看看人世间的活动，是不是在生死轮回之中，我们的生活习惯一代代地传了下去呢。

　　很显然，从本质上讲，思想和时间并无大的差别，甚至根本就没有差别。不要把时间当成一种工具在不停地演化着，否则，心智永远在我们之下，不可能超越自我，更不能转化自己。恐惧寓于时间之中，常常带来矛盾和冲突。恐惧的产生，跟心理上的时间感有着密切的关系。要想刨除恐惧，就要学会洞察事实。

　　只有觉知到了心理上的时间感，我们才能对恐惧有所了解。这里的时间感指的是昨天、今天和明天。此外，还有空间和距离等。对一个人来说，恐惧是真相，但我们若是被恐惧缠上，想要解脱是很难的，也是可能永远无法解脱的。对时间感的了解，有助于我们从整体上认识恐惧。

十一月九日　时间摆脱恐惧

从真相到理想的状态，这期间的过程就是时间。现在恐惧，但不久以后这种恐惧就会消失。这就是时间的魔力，让我们从恐惧中解脱。大多数人都会这么想。没有人喜欢与恐惧打交道，所以我们总是在找各种方法去避开恐惧。想要避开恐惧，努力是必须的。对于努力，我们早就习惯了。对于一件事情，我们说它应该是怎样的，但这不是我们眼前的事实，只是概念而已，是虚构出来的。想要改变事实，必须把时间制造出来的思绪了解清楚。

我们会不会立即摆脱恐惧呢？就是在一瞬间的时间里摆脱。恐惧是可怕的，如果任凭它延续，就会出现混乱的局面。在混乱面前，时间感制造了混乱而不是把人从恐惧中解脱。所以，恐惧无法摆脱，毒害也不能消除。当信仰和道德格格不入时，战争和痛苦就会出现。这里面的罪魁祸首就是时间，是它制造了秩序的混乱。

十一月十日　时间有毒

假如一个瓶子上写着"有毒"二字，并且你也知道瓶子里的东西有毒，这样，在使用它的时候，你就会加倍小心。时间有毒，它制造出了混乱。当你明白了这些，就会想尽办法从中解脱自己。不过，时间不是一个解脱的工具，如果你不这样认为，我们肯定不是同一路人。

时间还有可能有另一种存在方式，只是我们还不知道。我们知道的只是外在的和内在的时间，也可以说是时间感。我们的心境，常常会被外在的时间所影响。不过，与此同时，心境也常常影响外在的物质。有了外在的时间，我们可以去赶路。不过，如果你选择了全面拒绝心理上的时间感，另一种时间就会到来。让我们一起走进这种时间里吧，因为那里没有混乱的存在。

十一月十一日　洞察灵魂

　　一个人的兴趣和他所处的时代并没有必然的关联性。你就是你自己，没必要为时代而活，为他人而活。所以为了时代和他人的利益而放弃自己的兴趣爱好是愚蠢的，不应该的。人的兴趣爱好来源于生命和灵魂。因此，在热爱生命的前提下，要懂得从生命中发现生命本身的乐趣，去品味珍贵的生命。与此同时，对自己的灵魂也要加倍关注。古今中外的历史上，那些伟大的人物都有着高贵的灵魂，与他们的灵魂对话也是一种无穷的乐趣。所以，不管处在一个什么样的时代，我们都应该把生活过得丰富有趣。

十一月十二日　无聊生于目的与过程的分离

　　自我总是让人捉摸不透，它总是躲躲藏藏的。常常地，当我想找自我的时候总是找不到，而在不经意间自我就出现了。一个人无聊的时候，往往都是自我出现的时候。而此时的这个我，身上没有附加任何的东西，从虚无中来，最终又归于虚无。因此，当我们遇到它们的时候，我们还没来得及认真看就想远离它。但是，对我来讲，我还是想着再多看一会儿，因为在我内心深处，我觉得从这个可怕的自我身上，我能看到很多不一样的东西，这些东西或许才是真理，才是人生的真谛。

在宇宙之中，动物和神灵永远不会感觉到无聊。动物没有什么思想，它们的愿望很简单：仅仅只是活命。而作为神，因为它的生活是充实的，是完美无缺的，自然也没有时间感到无聊。因此，在三界之中，会产生无聊之感的只有人类。对于生活，他们常常会觉得无聊，在无聊之中不停地叹息，甚至哀叹不止。

人夹杂在动物和神灵之间，他超脱了动物对生存的满足，活着更多的是为了获得一种存在之感。因此，人总是在路上，用周围的物体来证实自己的存在。人处于一个尴尬的境地，有和动物一样的状态，但永远触摸不到神灵的状态。但是他不甘心一生都是这样，所以不停地在寻找着，但是，他对前途一片渺茫。看不清方向，因而无聊是不可避免的。

长途跋涉的旅人，心中总是装着一个目的地，这个目的地是遥远的。因为旅途太过漫长，产生无聊也在情理之中。因此，可以看出，因为过程和目的地之间不是一个整体，无聊的心境便会诞生，心便会百无聊赖。孩子是单纯的，在他们心中只有过程的享受，去不知道自己人生的目的，他们对生活的认知简单，所以随时都有对身边的事物产生兴趣，有兴趣就不会无聊。那些像孩子一样单纯的人也是这样。商人是精明的，他们为了获取利益，总是把一件事情的各个环节想得环环相扣。他们不得不时时刻刻集中精力，所以无聊对他们来说也是很少见的。我们在生活中，最怕的就是不像孩子那样单纯，却又没有商人的精明，想找到一个目的，却又对目的看不清。于是陷入无尽的缥缈之中，无聊便紧随而来。我想要得到某种东西，但又不知道这种东西是什么。那些身边的东西，虽然离我们很近，但并不是我们想要的。出现这样的情况，说明我们就无聊了。

十一月十三日　过去不是空无

所有的美好都是转瞬即逝的，想留住是不可能的。每个人的生活都是千变万化的，都生活在千变万化中。生活的精彩与否，不在于一个人有多少财富，而是一生中有多少美好的时刻，那才是精彩的体现。留不住美好的人是值得同情的，但是若一个人从来没有想过要留住什么，就不值得让人同情了。

面对过去的一切，我们要勇于面对，勇于承认。其实，过去的东西不是空无所有的，它证明我们至少美好过。

一场感情过去了，痛苦和快乐都随它而去。当我们每次想到时，常常会激动不已。而在激动的刹那，所有的过去都美丽起来。当我们回忆往事的时候，才明白以前我们把痛苦和快乐的差别看得太大了，其实二者之间并无大的差别。忧伤和甜蜜，在不经意间，又让人感到惆怅不已。

人人都逃不出消逝的命运。但对每个人来说，消逝的东西又常常被我们想起，所以并不能把消逝看成是绝对的。当我们怀念的时候，就会明白自己与过去的世界发生过种种的联系，我们失去青春，但是爱却一直存在于我们心中。岁月失去之后，历史会把我们记载，总会有人想起我们。

十一月十四日　活着总要等待什么

久久等待是一件可怕的事情，因为等待的人看不清未来会发生什么事情，对未来毫无掌控的能力。除此之外，他又做不了其他的事情，于是就只能无所事事。对生活，对未来的期待让我们常常产生兴奋之感，反倒是什么都不想的时候会觉得无聊至极。当兴奋之中夹杂了无聊的时候，就成了等待的心境了。而一个人等的时间越长，曾经的兴奋之感就会渐渐淡漠，无聊就会占据上风。

我们究竟在等待什么呢？这个问题似乎永远没有明确的答案，我们也很难说得清楚。生活就是由无数个等待组成的，等着等着我们就给了自己生活下去的理由。等待会让人觉得无聊，然而假如生活没有了等待，这种无聊的程度将会不断加剧。不过，其实在生活中什么都不等待的情况是不可能的，也是不存在的。即使我们不知道自己在等什么，其实我们还是在等待，一直等到某个所等的时刻的到来。假如连这样的等待都没有的话，这个人就很危险了，他会陷入绝望的境界，甚至会选择自杀。因为有了等待，我们才能走完自己的人生，才能把自己的人生过得尽量多姿多彩。

人活着，总不能什么事情都不做，不然生命多浪费。每个人都在竭尽全力地做着自己认为有意义的事情，但其实再仔细想想，好像没有什么事情是重大的，我们穷尽一生，都在做着一件件的小事情，但这又有什么关系呢？

十一月十五日　人生是一场无结果的实验

一夜之间，我们苦心经营了多少的功业一下子被毁掉，这让人无比痛心；当我们正处于壮年之时，突然死去，留下未完成的事业，这看来也是一件极其让人惋惜的事情。但是，若是静下来想想，天灾人祸是任何人都躲不掉的。正如人的生命又长又短，真正能长寿的人也是不多的。

因此，从头再来与空留遗憾是人的一生中常见的现象。面对这样的现象，我们要勇于承认，保持心态的坦然。保持这样的心态，不是看破红尘，更不是一种超脱。这其中，更深层地展现了一种对人生悲欢离合的宽容和理解。

很多时候，我们渴望立即行动，目的就是尽早摆脱一成不变的生活，让自己的人生体验更丰富。至于这样做的后果，我们全然不管。不管好坏，只要尽可能地体验就行。

矛盾贯穿于一个人的一生，不管我们再怎么努力，都不可能消除矛盾，解决矛盾。矛盾最终只是被时间慢慢地冲走罢了。

我们来到世上，每个人都是试验品。我们每个人也都在马不停蹄地实验着。但这场实验是没有结果的。正因为如此，不管我们在人生中如何去实践，我们的内心都不会感到安宁。

人总是不满足与现状，总是试图从一个地方跳到另一个地方。就算明明知道可能是个陷阱，我们还是选择了义无反顾地去跳。我们不是喜欢躲在陷阱里，而是喜欢跳来跳去的这种感觉，喜欢这种自由的感觉。

十一月十六日　记忆的价值

意义是人对自然或社会事务的认识，它来源于人们对未来的追求和对过去的怀念。意义和拥有不同，拥有只是为追求提供了一个目标，为怀念提供了一个对象。在拥有这块土壤里，生长着各种各样的事物，追求和怀念只是其中的两个。

我们常常提到"当时"怎么样，要不是"当时"我们会怎么样，但其实，若是我们仔细思考就会发现，在我们的记忆深处，没有什么是真正的"当时"，因为那些逝去的人和物都已逝去，记忆永远是无法留住他们的。所有的追忆对人们来说，都是徒劳无功的。

记忆是一个人宝贵的财富，这个财富是别人无法夺走的。而且，当一切都成为往事的时候，也只有记忆才能成为财富。这笔财富不能赠送给别人，仅仅只属于自己，他人也无法夺走。但是，这并不是说这笔财富就是可靠的。恰恰相反的是，财富会流失、会损耗，最终也会随着一个人的逝去而消失不见。不过，也有可能在某种力的作用下，记忆会获得新生，财富随之增长。

十一月十七日　无常和重复是人生的法则

当我们燃起对意义的渴望的时候，说明我们很可能产生无聊之感了。而一个人无聊的时候，是意义空白的时候。试想，我们之所以对爱人产生无尽的思念，是因为爱人不在我们身边，我们因此产生了无聊。

精神是一个人表现出来的活力。它常常需要保持一种永恒的状态，但是如果只是重复着永恒，没有了猎奇之心，这种精神是不值得拥有的。变化是自然界的常态，是绝对的，无时无刻不在发生的。而不变则是一种相对静止的状态。因为变化是绝对的，所以这注定了我们的身体终将腐烂，没有什么是可以阻止的。而不变则决定了我们的生活会是单调的，乏味的。因此，人生的法则就是变化无常和重复不断。对精神而言，却纠结于变与不变当中。一方面，它试图保持永恒；但另一方面，却又不得不忍受着重复。

不安的灵魂忍受不了无常的变化，但更忍受不了不断的重复。对精神而言，它不是为了逃脱变化寻求一种永恒的状态，可是最终变化却成了其最大的需求。所以，当追求疲惫的时候，它还是走向了无常的变化，用自己手中的那把剑，把自己刺死了。

十一月十八日　人生会在某一点停下来

如果人生是一场逆向而行的旅程，在路途中的耽搁对每个人来说是再平常不过的事情了。在我们每个人寻找理想生活的过程中，或多或少会有各种不可避免的遭遇，因此常常会停下来思考或歇息。但不管怎样，我们依然对未来充满憧憬，随时准备踏上新的征程。人生就是这样，无时无刻不再想着过自己理想中的生活，但偏偏总会遇到各种坎坷不得不停下来。在停下来的时候，那些理想中的人慢慢地变得越来越实际，于是就在停下来的那一刻开始重新规划生活。但是，还有些人一直等着机会重新出发，遗憾的是直到满头白发，机会仍然没有来到，于是，只留下空空的悲叹。

十一月十九日　往事是活着的

时光飞逝，每个人都活在往事之中。难道不是吗？此时此刻，我们的所见所闻所感，无不是建立在过去的事情之上。当我们转身的刹那，一切都已成为过往。因此，对于往事，我们要倍加珍惜，以聚精会神的目光去关注周围的一切。关注划过星空的流星、盛开的花朵、飞翔的小鸟……目光要饱含深情，以一颗赤诚之心向它们告别。这种神情就是真正的爱，它告诉我们对待生活要格外用心，因为生活的每个场景都是短暂的。而要想真正地生活，必须学会珍惜往事。

不珍惜往事或不重视往事的人，往往没有可以说出的往事。这样的人往往不珍惜时光，任时光匆匆而去。他对生活是麻木的，而麻木则生出傲慢，不可一世。最终，他的经历都随风而散，什么都没有留下，此生与空白相差无几。其实，这种人根本没有想过要留下什么，他们虽然也像很多人一样感知生活，但不过是行尸走肉罢了。

灵魂的深度和广度正是由许许多多的往事来构筑的。这些往事充满着爱意，让灵魂变得丰富而有厚度。所有的往事都在这个灵魂中继续着，一切都历历在目：初次的表白，霓虹灯下的亲吻，露水反射出的太阳的光辉……因为往事，我们把世界看得更透彻，这个世界也因为往事而变得魅力多姿。因为往事没有死去，所以灵魂才有勃勃生机和无限的创造力。

十一月二十日　权力与优秀是敌对的

在有等级的社会阶层中，一个掌权者是否有足够好的人品是通过他对权力的运用来体现出来的。权力是检验人品可靠的一个因素。若掌权者心底邪恶，他就会常常对弱小者进行折磨，甚至伤害。反之，若掌握的人是善良的，他就会利用手中的权力去帮助那些弱小的人们，让弱者也能过得幸福快乐。这种快乐与很多快乐是不同的，是高尚人品的具体展现。

如果掌权的人是一些平庸之辈，就会给优秀的人带来不幸或灾难。不过，一切权力对那些不是一路的人都是排斥的。如果是一些优秀的人掌握了权力，除了把平庸的人排斥掉以外，优秀的人也不会例外，并且是被重点排斥的对象。所以，权力与优秀是势不两立的。对优秀的人来说，不但受到权力的压制，还把优秀的条件破坏，让公平竞争变得不可能。但是，在社会中，又不可能完全没有权力的存在，否则社会就会变得零散不堪。要想维持一种好的社会状态，不一定要把权力交给那些优秀的人来掌控，但是，优秀者之间的公平是不应当受到破坏的。只有这样，社会才不会是一团乱麻。

辑三 转化

十一月二十一日　抉择与成功

选择一个什么样的工作？买一件什么样的衣服？晚饭吃什么？……人生在世，无时无刻不面临着各种各样的抉择。这些抉择往往让人感到头疼。不过，从抉择中可以看出一个人有没有能力，人格是不是达到成熟的境地。

一个人越没有主见，在抉择时越不会感到苦恼。因为这样的人一旦需要抉择的时候，总是第一时间去问别人怎么做而不动动自己的大脑。

只有那些善于抉择，懂得抉择的人才是有能力的人，这些人往往才能成就一番伟大的事业。因为他们心里比谁都清楚，别人不能代替自己做什么，一切都要靠自己。因此对待每一个决定都是慎之又慎。

因此，一个人能不能取得成功，其实在他抉择的那一瞬间就能看出来了。

十一月二十二日　人生永远未完成

似乎我们每天都很忙碌，想从各种琐事之中抽出空闲的时间是很难的。当我们空闲的时候，常常会表现为两种状态，一种是闲适的状态，另一种是散漫的状态。表面看着差异不大，却是截然不同的两种心境。一个人如果是闲适的状态，就相当于自我的回归，他们会觉得内心轻松，怡然自得。他们的内心是安静而透明的。但是，一个人若是散漫的状态，就会在散漫中迷失自我，无所适从。他们的内心是烦躁而混沌的。

人这一辈子的生命时光有限，能力有限，所以我们做成的事情也是有限。既然如此，我们就要好好善待自己，没有必要把生活搞得那么紧张，把步履迈得那么匆忙了。不过，也正是因为知道了这个道理，就不再野心勃勃了，做成几件事情让自己快快乐乐就行了。

静下心回忆一下过去的事情，想一想有多少事情自己想做却因为种种并没有做。再畅想一下未来，有多少计划要做的事情。人生在世，每个人肯定有很多事情都没有做完，但这又有什么关系呢？一种人生的常态罢了。正因为一个又一个的未完成，我们才能保持一个积极进取的心。试想，假如一个人突然告诉我们他已经找不到要做的事情了，那我敢说这个人的生命就要结束了。但是，有的人还有很多事情要做，却不得不面临死亡，我想在这个时候，他的内心肯定会生出很多委屈和惋惜，就算死了也不会安心的。所以，在我们活着的时候，要学会与死亡达成和解。人这一生，事情是做不完的，所以人总得在未完成之中死去。这是早晚的事情，是不可避免的。当我们明白了这一切，就没有什么可感伤的了，只要保持一颗进取的心就可以了。至于我们能做多少事，把事情做到什么地步，随缘就好。

不管什么时候，一定要对自己做成的事情感到满意。

十一月二十三日　避免远虑

为明天感到忧虑的人是不聪明的，因为每一天都有忧虑，今天的忧虑已经够多了，何必把明天的也加在今天呢？

我不否认"人无远虑，必有近忧"的说法，因为这在很多情况下都是对的。但是，我们还要明白一点：一个人的远虑是无穷无尽的，所以必须控制在一定的范围之中。对未来的忧虑，如果是站在现在的这个节点能够预料到，是可以早早做打算的，这样就可以消除眼前的忧愁。对于实在不好做打算的远虑，就放下它，听之任之，因为不管未来发生什么，到时候总能找到解决的办法的，何必现在苦苦忧愁呢？如果有些远虑根本无法预见，那很可能是我们多虑了，更犯不着胡思乱想了。人应该活得洒脱一点，轻松一点，世上那么多事情，哪能每一件都去想着怎么去解决呢？

当天的事情当天做，当天做不了可以推到明天。不过，千万不要把明天的事情也压到今天来，这样今天就会过得无比沉重，甚至今天的事情都没法做好了。

十一月二十四日　学会真诚待人

真正的快乐，不在于一个人是否富有、是否美貌，而在于他是否拥有一种健康的心态，是否具备真诚待人的品质。因为只有当一个人拥有一种真诚待人的品质时，别人待他才会处处友善。一个处处受到友善对待的人，怎会不快乐？

人的一生说短不短，漫漫人生途中，我们会结识许许多多的人，会经历许许多多的事。所谓世间百态，其中必然有让人难以忘记的感动，自然也有不可避免的艰难困苦，更有让人铭心刻骨的伤痛、委屈，但无论碰到什么，我们都要学会拥有一颗真诚而宽容的心，月有阴晴圆缺，人有悲欢离合，自然界有很多事物都不是我们人力所能为的。我们不可能改造世界，我们也不可能改造别人，但我们能改造自己的心态，让我们在面对世界时，怀有的是一片真诚的善意。

学会真诚待人，你的心态自然就能豁达开朗，面对世界时自然也能从善意出发。当你对世界心存这样一种感激时，你自己便可以消除内心所有的积怨与不满，你的生活也会被回馈以快乐。

十一月二十五日　保持判断力的公正性

人的自我依恋是常见的一种情感，这种情感往往是草率的。但是很多人以为这是一种荣耀。他们自我感觉良好，其实是夸大了自我的价值，并非是真实的自我。人一旦陷入某个境地之中，就会被自己的精神迷惑，由此他对事物的判断就会带上自己的主观色彩，很多时候把一切想得过于美好。

把事情想得过于美好虽然不恰当，但若是想得很差，把自己完全否定，也是不应该的。所以，保持公正的判断很重要。如何保持这种判断呢？最好的做法就是实事求是，不夸大也不缩小问题。我们该做的事情就要当仁不让，而不是推脱，这样才能成就伟大。由于种种原因，按照习俗做事是我们一贯的行为。但是，往往我们太看重习俗而把事物的实质扔到了一边，导致本末倒置的出现。我们曾不止一次地对女生说，如果不小心听到了某些不光彩的事情，我们应该为此感到惭愧。但实际上，就是做了这样的事情，她们也不会觉得有什么，不过是一件小事情。碍于各种世俗的眼光，我们不敢直呼身体的一部分器官的名字，但是我们却让它们去做了一些见不得人的事情。我们用言语表达了习俗禁止我们表达的事情，甚至不顾理智的反对，还干了一些坏事。就连这篇随笔，到现在，我还不知道好与不好呢。

十一月二十六日　往事如流水

人死去后，不是能把所有过去的事情都带走，都埋葬的。纵观一个人的一生，很多事情是不会随着岁月的逝去而消亡的，反而会在时光的冲洗之下越来越清晰，印象越来越深刻。在人的记忆中，往事始终存在着。在活着的时候，我们小心翼翼地守候着，一旦闭上双眼的时候，这些往事就被我们带入了永恒之中，与时光同在。一个人要想不使往事消失，必须在心中存放一些有分量的东西。

从出生到死亡，我们都不停地行走在世间，行走在时光的隧道中。但是，走着走着我们就很容易迷失自我。这种迷失常常让我们感到无可奈何。正如，家乡的那条小河，我们无法把它带到异乡去，让它在别的土地上流淌；儿时的美好光年，无法在 80 岁的时候再现……但是，虽然我们无法做到，并不等于那些东西已经永远地不存在了。也许，在某一个意料不到的时刻，因为某种情绪的调动，往事就会浮上心头，美好的记忆就会突然闪现，让人措手不及，惊喜不断。

时光如河流，不分昼夜地流淌着，运动着。我们站在岸边，望着奔腾不止的河水，不禁感叹：现在的我还是我吗？时间带走的不是某种流动的东西，而是每一个人的生命。离开我的，不是一个又一个珍贵的日子，而是我生命中的时光。其实，甚至可以说，我就是时光的载体。时光流逝，把年华从我身上一一带走，而我将消失在无尽的岁月中，从前的我早已找不到了。

十一月二十七日　沉默与人生

两个人的情感如果是真实的，那么他们之间往往不需要什么特别的语言表达；两个人的心灵如果是契合的，语言表达也是不需要太多，甚至是不需要的。在这样的情境之中，默契起着重要的作用。

我不开口，却已心知肚明；我不说话，我的心思已被你懂。不单单是爱情，很多美好的时刻都是不需要言语的。

人世间的感情有千万种，但是真正能让人感动的，往往都是最朴实无华的。朴实无华是一种特别的力量，它虽然埋藏很深，不曾说出一句话，不曾大胆表露自己的情感，但它无时无刻不在人类的情感之中忙碌着。它运用自己的力量，穿过重重障碍，于喧哗之中，在人的内心深处工作着。

沉默是一种养分，它用自己的能量孕育了世间很多重大的事情。这些事情如爱情、死亡等等，都是被人生看得很重的。

夫妻在家中吵吵闹闹其实并不可怕，也不必为之担忧。但是，假如两个人进入了"冷战"状态，那就可要小心了，婚姻很可能会破裂。同样，对一个社会而言，种种暴力和冲突的出现，也是正常的现象。可是，假如没有一个人再站出来讲话，那这个社会是很危险的。

当末日到来的时候，周围肯定是静悄悄的。因为死神喜欢踮着脚走路，它害怕因为自己走路太响而被人类察觉到。所以，世界的结束不会用惊天动地的声响，而应该是无声无息的。

伟大也是来自沉默之中的。从事广告业的人，永远不可能成为伟大的作家；那些到处叽叽喳喳的人，往往都是肤浅的。而相反，只有在沉默之中，才能用心思考，才能创造出伟大的作品。其实，就连伟大的母亲也是沉默的，在自己的孩子没有诞生之前，她不会不停地向世人炫耀自己的大肚子。

在经历沉重的苦难之时，我们选择了沉默，而不去呻吟、哭泣。因为我们要维护自己做人的尊严。即使绝望，也不自弃。

面对别人的冷嘲热讽，我们不去争辩，更不去与之对抗，我们选择了沉默，而沉默就是对那些小人最好的蔑视。

我们常常会觉得无奈，但无奈却是我们生命中最深刻的体验之一。无奈的日子总是短暂的，因为生活的潮流一直向前，很快就会把它们淹没掉。但是，它们却会一直存在着，埋藏在内心深处，成为心灵的暗流，让人无法直视，不敢面对，逃脱不了。

人们常常因为生活中的一点小小的挫折而大谈人生的意义，但人生的意义只有在大苦难中才能体现出来。而大苦难总是沉默不语的。

十一月二十八日　灵魂之杯

　　两个人的灵魂是无法并排同行的。不管男男女女是多么的相爱，都是不可能的。人世间的爱情即使再美好动人，也无非是两个相互独立行走的灵魂的最深切的遥遥呼应罢了。

　　独行的灵魂只有一个人在路上努力寻找才能发现自己的上帝。并且，灵魂行走的目的很明确，那就是找到上帝。只要找到上帝，灵魂的任务才算完成。可是，这个任务是很难的。

　　人的灵魂是空空的，就像那只空杯子一样，你用它盛不同的东西，决定了自己命运的不同，也决定了自己对自己定位的不同。圣徒用它盛上净水，诗人用它装满佳酿，而哲学家则用它调出琼液。

　　但是，灵魂之杯的体积是有限的，因此容量也是有限的，是可以确定大小的。对世间的人们来说，大容量者都是一些大家，圣徒、诗人、哲学家就是其中的代表人物。反之，小容量的大都是一些凡人。容量的大小，体现了灵魂的伟大与否。

　　对于我们自己的灵魂之杯，它的容量大小并不值得我们去认真地深究。不管其大小，我们所装进去的东西都不会溢出来。我们一生所做的事情很少能装满这个灵魂之杯。对大多数人来说，我们往往只装了很少的一点东西在灵魂的杯子里，更有一些人的灵魂之杯甚至是空的。

十一月二十九日　人格与自我

　　人格主要是指人所具有的与他人相区别的独特而稳定的思维方式和行为风格。因为人有情感，所以在一个人的自我意识之中，人格会有强烈的显现，会不断为自我寻求出路。在艺术之中，我们所要展现的并不是眼前的对象而是内心的自我，只不过，在展示的时候，我们把自己的意识隐藏了。人格的意义很宽泛，所以我们专门提起的时候，争论会不自觉地产生。不过，正因为人格的意义比较宽泛，我们每个人才能从中找出对应自我的一部分来用其表达各自不同的思想情感。在"人格"中能找到适合自己需求的东西，不是也很好吗？

　　周围的一切信息不足以显示我们是自身的全部，因为我们还有自己的思想。一个有机的人，拥有的力量是各种各样的，正是因为有了这些力量，我们可以随心所欲地从外界获得我们想要的东西。但是，这种力量又是神奇的，不管是吸引还是排斥。它总有能力聚集所需的事物在身边，并利用这些事物创造自我。人的情感之力是厉害的，我们生命的基本创造力都是由它来完成的。如果没有感情之火的燃起，就算对一件事物认识得再深刻也不能成为自己的本质。

十一月三十日　沉思与自我

　　沉思是认真、深入地思考，在寂静和孤独中对某个中心意念或意象的深沉思索。在思考的时候，不是让我们占有某物，而是让我们把自我果断地放弃，之后把自己放到万事万物之中，与它们融合到一块。当你明白了这些，就知道了沉思的意义。当我们心中有杂念的时候，就需要安定，然后静下心来沉思一下杂念产生的原因。在沉思的世界里，没有痛苦，没有恐惧，我们更不会损失什么。当一切变得简单纯粹的时候，我们就自由了。我们要想领悟真理，开始行动，沉思是必不可少的环节。而在沉思之中，才能显出自我的存在。

十
二
月

生和死又有什么可怕的呢？活着的时候，要热爱生活，尽情欣赏自然之
美，把自己当作自然中的一员，与自然友好地相处，自然定会给你想要的东
西。每个人都必然要面对死亡，既然如此，何不打开心扉，愉悦地迎接死亡的
到来呢？这样，当最后一天到来的时候，我们就可以问心无愧地说，这一生足矣。

辑一 生活

十二月一日　真正的谨慎

能把自己的生活过得严谨是很难得的。不过，为了感官需要而去追求智
慧和美德，去追求名利，则会把这种生活方式破坏掉。我们精神的力量，不
是由财产、成就或者一次伟大的演讲来证明的。一个人要做到外在和内在的
平衡，而不应只追求感官的刺激。否则，他可以勤勤恳恳工作，做一个踏实

本分的人，但他的生活绝不会有格调、有教养。

要谨慎就容不得看重感官的虚伪的存在。虚伪的谨慎往往出现在那些酒鬼和懦夫身上，常常被别人和大自然所取笑，成为一场喜剧。若放到文学作品中，也不过是遭来读者的取笑罢了。而真正的谨慎，一方面限制了感官的刺激，另一方面这种谨慎源自真正的内心。只有有了这样的认识，我们才不会变得那么功利，才能以一种相对公正的心态去看待世界，去处理各种各样的事物。越是这样，越能得到回报。当然，这种回报的程度是不一样的。人们反对丑恶、喜爱壮丽、担心饥寒。但因为我们并没有把所有的一切都经历，只能从书本中把这些学习到了。

十二月二日　生活充满好奇

人天生具有好奇的心理，特别是在生活上，更是充满疑问。比如，人们常问：生活是不是一晃而过的呢？关于这个问题，我们暂且不回答。就人类来说，智商的高低很大程度上取决于对事物的敏感程度。一个人有无对那些不易发现的事物的敏感，决定了他是否有足够的鉴赏能力，而这个鉴赏能力，我们可以理解为智商。当一个人转入一个问题而始终想不明白的时候，他应该停下思考，去大自然中找一找灵感。因为在自然之中，有很多不一样的东西。听，是不是有很多鸟儿在歌唱，声音是那么的美妙动听，是不是激发了你的无限想象呢？此景此情，难道不是很难得吗？年轻人有着无限的热情和活力，他们的身体是健康的，体魄是健壮的。正因为如此，想象力在他们的大脑中驰骋。不管周围的环境如何，他们都会沉浸在想象的世界里，即使读一本书，也能从书本中发现不一样的东西。不过，在现代社会，不得不让人感到悲哀：已经很少找得到这样的场景了。

十二月三日　人类与自然时时相关

　　土地里的粮食，周围弥漫的空气，都是我们赖以生存的条件。不过，空气洁净、湿度适中才好，不然就会伤害到我们的呼吸系统。一个人的生命时光有限，而这有限的时光却被分割成了很多份，我们不得不手忙脚乱地做着各种各样的事情。庄稼要施肥，空调要修理，需要柴米油盐，生病住院，和一个不可理喻的人交谈，沉浸在无限的哀伤之中……所有的这些事情，一点一点地吞噬着宝贵的光阴。没关系，既然我们没有三头六臂，那就先做自己能够做的事情吧，不要拿那么多事情来吓自己。夏天到了，蚊子就会出现；我们走在路上，难免会摔跤；出门旅行，就要做好防晒的准备。那些胆小的人常常碌碌无为，他们总是给自己找种种的借口，天气是常用的借口之一。即使我们决定不再关心天气的时候，我们又在不经意间听说下雨了。

　　在生活中，我们不得不做着这么多琐碎的事情，而这些琐碎的事情，占用了我们多数的时间。北方四季分明，土壤坚硬，于是这样的气候让经历风雪的人们变得聪明、勤劳、能干。相比之下，那些长期生活中优越环境里的南方人却显得柔弱了很多。四季如春的地方的人们，生活得很随意，他们随便找一块空地，往上面一躺，就不知不觉进入了梦乡。南方的山上有很多果实，那是大自然无言的馈赠，人们可以摘来当早餐，只需踮脚、抬头即可。在寒冷的季节，北方人却无法在户外活动过多，于是常常得在了家里。他们准备着一些不易变质的食物以及可以取暖的柴火。但是，不管怎样，这一切的人类活动都离不开大自然，都是在大自然中完成的，哪怕是一点点劳作都不例外。人类与自然的联系，一刻都没有停止过。艰苦条件下的人们，往往比优越条件下的人们拥有更强大的力量。劳动创造了美，创造了生活，创造了价值。

十二月四日　自然之美

看不到自然之美是一件让人遗憾的事情，不过这种遗憾是属于大多数的成年人的。成年人的目光里充斥的杂物太多，即使阳光直射过来，他们也难以欣赏到。虽然他们的眼睛是睁着的，但他们却不懂得感悟和反思。如果说对成人来说，阳光仅仅只照亮了周围的环境的话，那么对孩子而言，他们心灵的最深处都有阳光的射入。

对大自然充满热爱的人，其心灵一定能够与大自然相通。我相信，这些人就算年事已高，仍在保持着一颗童心。他们可以设身处地地与自然倾心交谈，与自然成为最亲近的朋友。不过，如果能与自然保持恰当的距离，达到既熟悉又陌生的境界，那种感觉也是十分美好的。距离容易引发思考，在思考之中才有真知。对真知的追求，是每个人存在的意义。想想都觉得是一件无比快乐的事情！

快乐并不是一种魔力，它的力量也不是人为的赐予，而是从和谐的人与自然的关系中获得的。我们渴望快乐，但快乐并不是一直都在。因为大自然并不是对我们唯命是从，把快乐输送给我们。我们的心情总有阴晴的时候，悲伤与快乐常常交替出现。悲壮的人生，即使经历了无数的苦难，但生命依然屹立不倒，终将散发出光芒。

十二月五日　幸福之门

假设每个人的面前都有一扇金碧辉煌的门，如果别人告诉你这是通往幸福的，你肯定会毫不犹豫地推门而入。但是，同样是通往幸福的门，如果是斑驳不堪的，你还会推门而入吗？

为了来到幸福之门，我们不远万里，一路奔波，吃尽了苦头，带着憧憬，带着美好。但是，当我们看到这扇门是如此之破，一颗炽热之心会不会顿时冷却？失望之情会不会随之到来并迅速蔓延呢？换作我，我定会坚持推门而入。

谁是你生命中最重要的人？什么东西是你生命中最重要的物呢？历经岁月沧桑和人世悲欢离合的我们其实早已知道。为了幸福的到来，为了触摸幸福，门再简陋，再破烂不堪又能怎样呢！幸福对每个人都是公平的，它不会因为身份的高低而差别对待，更不会因此而使自己明媚的光芒减弱。

幸福是难得的，因此是极其宝贵的，我们要倍加珍惜。

十二月六日　世界披着一件神秘的外衣

我们的王国是自己创造的，那里承载着我们的生活，有我们生活的点点滴滴。在这个王国里，我们度过了无数个失眠的夜晚，一个短促的声音传来，难道可以把所有的不眠之夜结束吗？我们学校里的第一课，就是在那古老的教堂里上的。在课堂上，我们学会了如何幻想，如何生活得快乐以及怎样创造幸福的生活。那个四面围墙的空间，不仅仅只是一座房子，我们生活的环境之中，有海水、沙滩，还有那生机勃勃的绿色。而海水不只是海水，还有什么呢？沙滩不只是一块沙地，它又还有什么呢？除了绿色，又有什么呢？我们一直在寻找，却始终没有找到问题的答案。不过，在寻找的过程中，我们明白了善恶并存，懂得了地球有引力。而人生的一个个悲剧，都是在这个空间里上演的。

世界并不是直白的，并不是一眼能够看到头的，自然也不是赤裸裸的。总有一种神秘的衣服披在世界的上面，世界被外衣下面的事物洗刷着。当我们向新世界迈出一步的时候，我们就超越了自己，为自己留下了独特的足迹。知识是生活重要的组成部分，但除此之外，爱也是不可缺少的。世界是由形式和色彩组成的。形式就是人们的思想，色彩就是人们的情感。思想让世界不至于单调乏味，而形式让世界充满了光和热。可见，一个人的爱心是多么重要的啊。

十二月七日　为自己的生命做事

别人对你表示了承认和好感，于是因此你特意为他们做了一些事情。不过，你所做的事情却并没有赢得别人的承认，这样你就等于什么都没有做。但是如果这件事是出于自己的良心所做，是为自己生命所做的事的话，就算全世界没有一个人承认，那也是值得去做的，我们并不会因为做了这件事而损失什么。

我们的人生只有一次，我们自己得学会懂它，爱它。不管它是什么样子的，我们都不应该嫌弃它，而应充实它。

十二月八日　大自然与人类

自己的不幸要自己去承担，不要指望大自然能帮上什么忙。即使大自然知道人类的不幸，它也不会抱以同情，更不会把美好的一面展露出来。阳光不会明媚灿烂，天空不会空旷辽远。人类对自然的表现很重视，但并不重视自然本身。因此，面对忧郁的环境，他的画就是忧郁的；面对明媚的环境，他的画就是明艳的。五官的清晰并不是肖像画所要展现出来的东西，画中真正蕴含的乃是人物的性格。肖像画只有加入了人物的性格，才能体现出更深刻的内涵，才能看出这幅画是完美还是不完美。

创作本身是有冲动的。但是，在精神活动中，我们会对这种活动有所删减，这又有什么根据呢？正因为创作的出现，简单的现象给了我们更深刻的启示。人究竟是什么呢？大自然创造了一幅幅美丽的风景，让人们对风景充满热爱，并借助风景创作出一幅幅美丽的画卷。

十二月九日　人生需要真性情

什么是真性情？所谓真性情是看重个性和内在的精神价值，看清外在的功名利禄。通俗地说，就是在衡量一切事物时，要看重这些事物在生活中的意义，而不计较它们给自己带来多少好处。

人活一世不容易，要想过得有意思，就要找到自己的兴趣所在，做自己感兴趣的事情。这兴趣来源于自己的真性情，而不是为了得到某种好处和利益。如财富和功名等。一个人如果喜欢做一件事情，原因应该是这件事情是美好的，他能从美好之中获得愉悦和享受。正如一个园丁，他之所以要开辟一块地，是因为他喜欢这样做，他要在这片土地里种上各种各样的花草树木，并为此灌注心血。只有这样，他才会对那些花草树木有着无限的热爱，才会时时刻刻牵挂着它们。只有看到它们生机勃勃地生长着，他才会安心，才会觉得充实无比。反过来讲，一个没有园地，不会种植花草树木的人，不管他从事的工作能获得多大的收益，他还是会常常感到空虚的。一旦某一日发生变故，他所有的财富都失去的时候，也是这个人即将崩溃的时候。因为到那个时候，他会发现自己竟然不知道该做什么，也没觉得有任何需要他的人。他会认为自己在世界上是多余的，危险的行为就会在他身上发生。

十二月十日　休息是神圣的

从容是指人镇定不慌，于不慌之中透出一种神性。一个人有了从容的心境，才能领悟到上帝的旨意，创作出的作品才是优秀的。如果我们的心境不够从容，即使在忙碌，也就只是重复，不会有创造的产生；如果我们的心境不够成熟，对知识的追求就仅仅是为了学术，而不会在追求之中诞生智慧；如果我们的心境不够成熟，我们所做的一切都只是为了功利，我们的心灵永远难以得到满足，甚至连自己的信仰都会大打折扣。我们摆脱野蛮，建立起了辉煌的物质生活，这其中需要的是从容的心境。

当下的时代，人人都在为金钱忙碌着，每个人都在匆忙赶路。在人来人往之中，哪有心思和时间去管花开花落、草长莺飞这样的小事情。我们的眼里只有金钱，眼睛、耳朵和心灵都被其蒙蔽了。我们生活的目的被简化了，赚钱、花钱成了我们活着的目的。哪有时间沉思？哪有时间回忆？有没有觉得很奇怪？我们的生活太快的时候，生活竟然没有了。我们整天喊着争分夺秒，却无端地荒废了宝贵的年华。然后，一个人坐在一边感叹着生命短暂。的确是这样，因为在生命中没有什么值得回忆，值得品味，怎么能不短呢？

财富和时间兼得的人是受上天眷顾的。但是这样的人只是少数。既然如此，我们不如为了求得更多的时间，做一个穷人。金钱虽好，终究是生不带来，死带不走之物，只有在充足的时间里，我才觉得自己能掌控自己的命运。

《圣经》里有礼拜天，就是要告诉人们记得休息，留够时间去思考自己的人生，从而过得更好。由此，我们可以理解为，休息原本也是神圣无比的。

只懂得工作的人，灵性就会离他远去。所以，我们要懂得平衡工作和生活。

十二月十一日　人生的最后一天

命运是个蹊跷的家伙，很多时候让人捉摸不透。它似乎专门盯着一个人，在人生命的最后一天来证明自己。因为在最后一天，我们一生的努力都要付之东流，命运告诉一个人它自己有多强悍。那些不愿离开人世的人常常会感到后悔，后悔不该过这样特殊的一天。如果没有这一天该有多好。

对人们来说，其实有没有得到命运的青睐和他过得好与不好、幸与不幸并没有什么必然的关系，即使一个人再有权势，在改变命运的过程中也是可以忽略不计的。人要看得远一些，看得深一些。高贵的人常常显示出宁静和秉性，而那些生活规律的人做事往往是果断和自信的。我们不应该过早地对一切事物下结论。如果人生是一场戏，里面肯定有不少虚假的表演和许多华而不实的东西。有的人明明经历了苦难，却还能装作若无其事。但是，随着最后一刻的到来，仍凭我们再怎么伪装，都不可能再掩饰什么。我们要把人生的本来面目说出来，让人知道我们所要表达的意思。只要这样，一切才会显出真相。

人一生的价值大小，直到最后一刻才能显现出来，我们必须接受最后的考验。只有这一天才是我们评价自己人生的最关键的一天，才能给过去的日子做一次认定。而这个时候，我们所说的话，都是发自内心的。

十二月十二日　走好最后一步

　　一个人在这一生是好是坏，只有当他死去后才能给予评定。一个坏人若最后壮烈地死去，人们对他的坏印象就可能会因此而改变。要想客观地评价一个人，当且仅当他死去的时候才能做到。的确是这样的，若不把一个人在生命的最后时刻表现出来的光荣和伟大纳入评价的范畴，是不能说是全面的、准确的。在我的一生中，至少认识三个平时让我讨厌的人：一个可憎，一个卑鄙，一个无耻。他们活着的时候，不单是我，人们对这三个人也是鄙视的。但是，当他们死去的时候，却找不到可以鄙视的地方了。

　　在我们的身边，有的人去世的时候是那么的安详，那么的从容淡定。一个人正值生机勃勃的年纪，但还是被死神夺去了生命，不过，如果在死去的时候，状态是美好的，也是没有任何可以遗憾的了。正因为死，他终于到了自己一直向往的地方，那个地方是崇高和高尚的。生前，他苦苦追寻的一切，都在这里得到了。

　　我喜欢研究别人的一生是怎样走完的。这样做的目的无非是从别人那里吸取经验，扬长补短，争取在有限的生命时光里，把自己的一辈子过好，把最后一步走好。

十二月十三日　死亡是无法逃脱的

　　我们的人生在死亡的那一刻画上句号。也就是说，我们的目标和目的地就是死亡。因此，既然知道死亡要来临，就没有必要害怕什么。不然，哪还有勇气一直走下去？不过，大部分人对死亡的态度就是尽量不去考虑死亡的问题。但是，这是一般人做不到的，也是不可能的。

在我们的身边，由于很多人不愿意提及死亡，所以常常因此上当受骗。如果不经意间听到了"死亡"的字眼，他们就赶紧在心中默默祈祷，好像魔鬼附体一般。在死亡没有到来之前，在人类的遗嘱里，它们早已存在着了。医生虽然没有宣告死亡，但对临近死亡的人来说，已经再也不能做什么让人觉得了不起的事情了。在害怕死亡和害怕痛苦之间，他会做出怎样的判断呢？这个要问上帝了。

由于"死亡"二字听起来不是那么舒服，所以聪明的罗马人换了几种不同的说法。而这些说法大部分都是温和的。有的人说"他死了"，有的人说"他不存在于世上了"，有的人说"他已经来过世上了"等。只要说法中有"活"字，即使已经死了，也会觉得心安。

对欠债的人来说，若把还款的期限延长，就相当于在无形之中把部分债务免除了。今天我已经近四十岁了，按照人生常理来讲，我至少还有四十年的时间会活在世上。但若是现在就去想四十年后的事情，未免是太愚蠢了。不管一个人是年轻还是年老，在生命逝去的时候，都处在一个相似的情形之中。不用多想了，没有其他的路可走的。一个人即使到了花甲之年，都会对生命有着无限的渴望，也会认为自己还能活得更久。唉，这是多么可怜的事情啊，难道你不知道每个生命都有极限吗？医生所说的话是不可全信的，更不能作为一个人相信生命可以无限延长的根据，我们要从现实的情况考虑，要从实际出发。人生是有规律可循的，活得时间长的人已经受到了命运的特殊照顾。看看你身边的人，哪一个有你活得久呢？很多功成名就的人，在还没有享受到乐趣的时候，已经死去了。甚至，这些人才刚刚在人世间存活了三十几个年头。在历史上，多少伟大的人物死于壮年？亚历山大就是其中的一个。在死去的时候，他才三十三岁。

十二月十四日　为死亡提前准备着

不要在意别人怎么说，每个人都有缺点。我深深地陶醉在缺点之中，甚至因为缺点欢欣不已。即使你说我愚蠢，我也不会放在心上。我才不愿意做所谓的聪明人来一个人默默地忍受着挥之不去的烦恼。

不过，只有愚蠢的人才会用这样的方法来达到自己的目标。他们一个个活蹦乱跳，生机勃勃，丝毫看不出死亡的气息。这的确是不错的。可是，死亡的突然造访，让他们一个个措手不及。面对妻儿和朋友的离世，他们显得无比的绝望。惊惶、哭泣、疯狂、死去活来的哀求都是没有用的。对于死亡，早作打算是每个人都应该有的思想。假如可以避免死亡的发生，我们可以选择做一个胆小鬼，至少我们还有活下去的机会。但是，死亡终究会到来，我们想逃也只是暂时的逃离，到最后还是会发生在我们身上。儒夫和勇士都是一样的，死亡的命运是每个人都无法摆脱的。世间没有什么东西能够给你以保护，死亡无坚不摧。

人类强大的生命，当遇到死亡时，顿时脆弱了很多。夺去一个人的性命，是多么容易的一件事情啊！

十二月十五日　快乐是道德的终极追求

死亡是哲学的最高境界。所有的哲学，最终的目的都是为了迎接死亡的到来。在某种意义上，我们可以认为灵魂会被研究和思考抽离出来。之后，必须找到一种东西来充实灵魂，这种东西就是学习死亡、类似死亡的。也就是说，一切智慧的思维都是以死亡作为最后的终结，都试图告诉我们死亡并不是可怕的。死亡是理智给我们开的一个玩笑，只是让我们放松自我，快乐起来。它所做的一切工作，都是为了让我们开心和自由。由此，我们可以得出这样的结论：虽然人们得到快乐的方式是多种多样的，但人活着的目的就是为了得到快乐。如果不是这样的话，这些看法就不会被人们接受了。没有人愿意把困苦和不快作为自己的人生目标，因为谁也不愿意听他们的话。

此时，口舌之争就成了各种流派哲学之间的分歧所在。生活中那些琐碎的小事，一次次向神圣发起着挑战，挑战着这个神圣的职业。不过，每个人都有自己的角色，不管他想扮演什么角色，都不会丢掉自己的角色。任凭那些哲学家说得天花乱坠，快乐才是我们在道德方面最终极的追求。哲学家们对快乐厌恶至极，我却喜欢一次又一次地把快乐重复和演绎。当我们的欲望得到最大限度的满足时，我们就是快乐的。这种快乐离不开美德，因为它高于其他人的品质。快乐越有阳刚之气，越能为人带来满足。那些充满阳光的快乐，我们可以称之为乐趣，它比单纯的快乐更积极正面，更柔和自然。但是，若一种快乐是低级的，它并不适合乐趣这个美好的词语。它们的相遇仅仅只是一种巧合。

十二月十六日　直视死亡

人的思想状态有崇高和庸俗之分，时好时坏。对于崇高的、好的思想，我们要继承发扬，而对于那些庸俗的、有害的思想，我们应该果断地放弃。教堂是很多人都去过的地方，如果在那里建立一块墓地，可能很多人都觉得奇怪。但是，这样做的目的是为了让更多的人接近死亡，从而习惯死亡，这样再见到死人的时候，就不会感觉到害怕。同理，在人多的地方建立公墓，也是为了让更多的人距离死亡近一点。当我们看到送葬的队伍时，就会产生对自我的反思，对生命的反思。

很久以前，埃及有一种习俗，就是把人杀死以此来开庆功宴。边吃边饮边看，场面十分激烈。那些格斗的人，在酒杯面前倒下，任鲜血在桌子上流个不止。之后，有人画了一幅死神画像，让众人看看自己死后的模样。对我来说，我常常把死亡植入到自己的想象中，还经常挂在嘴上。我对死人的事情比较感兴趣。在临死的时候，他们说些什么，想些什么，表情怎样，姿态如何，都让我觉得十分兴奋。而在关于死人的故事中，这些描述也常常让我的好奇之心萌生。假如将来我要写一本书，这些都将成为我的素材。而书的内容，全都是关于死亡的，告诉人们怎样才能生活得更好。

十二月十七日　对抗死亡 等待死亡

对于死亡向我们发起的进攻，我们要勇敢坚定地去对抗，并把死亡打败。只有走一条不同寻常的道路，才能把死亡的优势减弱、剥夺。对于死亡，不过是人生的一件平常事，我们可以常常想着它，与它们经常接触，习惯它们的存在。在我们的脑子里，因为想象，死亡的种种面孔都显示了出来。我们所经历的各种不幸，都折磨着我们，让我们为死亡呐喊。因此，对于死亡，我们不要有任何的恐惧，要站起来，直视它。即使过得快快乐乐，我们也要处处想着忧愁的存在。喜悦常常是死亡的目标。把现在的每一天当作你生命中的最后一天，以一颗感激、感恩的心为活着的每一分每一秒而感到幸运和幸福。

说不清，但我们知道死亡一定在某个地方等着我们。既然如此，就用一颗淡定坦然的心去等待着死亡的到来吧。死亡与自由是密不可分的，我们在死亡之前的思考其实也是在思考自由。要想不做奴隶，对死亡的学习是不可缺少的。一个人，只有懂得了死亡，我们的灵魂才能获得自由，我们才可以从各种压制之中得到解脱。生命的失去其实并不是一件不好的事情，因为这样一来，生命中就都是美好了。

十二月十八日　为离开世界做好准备

一个人不管做什么事情，都要提前想好，做好计划，这样到真正做事情的时候，我们才不会手忙脚乱。另外，我们管不了别人太多的事情，那就把自己的事情管好。但是，这短暂的一生之中，大多数人都做了太多太多的计划。

既然计划如此之多，我们就不必再增加什么了。因为已经有这么多的事情要做了。在人类社会中，我们常常听到有人在不停地抱怨着，他们说死亡会中断自己伟大的事业，让自己的努力付诸东流；也有人说，临死前如果还没有抱上孙子，他会死不瞑目的；更有人对人间的很多很多都舍不得。他们把世间存在的事物当作了自己人生的乐趣。

对于世间的东西，我是没有什么留恋的，而单单对于生命却有很多的不舍。上帝给了我很多，只要他想收回去，我统统都可以还给他，并不会有任何的感伤。但是若失去生命，我就会觉得无比的难过。在死亡来临的很早以前，我就做好了准备，除了我自己，我已经跟很多人作了一半的告别。我为离开世界的那一天的到来，已经准备得相当充分和彻底了。在临死的时候，我不会说我有多么的不幸，更不会去感叹上帝用一天的工夫把我一辈子的财富全都夺去。

人生是美好的，我曾努力地活过。

十二月十九日　一切都会过去

做任何事情的时候，都有大自然在默默地用它的力量支持着我们。假如没有大自然的默默支持，人类的文明和艺术要想取得一个大的进步几乎是不可能的。我天生不爱抑郁，更不会轻易发怒，我是一个爱思考的梦想家。能占据我的内心的，只有死亡和它的图像，不管我的人生处在哪个阶段，都不例外。

在别人眼里，我夹在一群群贵妇人中，或者在和别人一起玩游戏的时候，只是想努力表现自我，品味某种不确定的希望。但是，事实并非如此，我心里想的是一个不确定的什么人，他给了我爱和享受，让我觉得闲适。可是，突然他像一个病人一样离我而去。

世上的一切都会成为历史，过去永远不会再来。

十二月二十日　死亡是个不速之客

一个人的习惯是在不断地思考、不断地强化中慢慢养成的。不然，我肯定会觉得忧心忡忡，难以平静下来。确切地说，像我这样把死亡看得如此轻松的人是没有的，生命的长短对他们而言是极其重要的。我虽然现在十分健康，精神也是相当充足，但是这并不等于说我的寿命就会很长，其中是没有必然的联系的。所以，生病也不等于说我的寿命就会缩短，自然我就不必感受难受和失望。天灾人祸时时刻刻都在我们身边，而我分分秒秒似乎都在躲避。在我的内心深处，我一直对自己说："今天预示着将来，今天发生的事情明天也会发生。"发自内心地说，一次灾难的发生，并不足以说明末日就要到来。因为末日是更多危险的集中爆发。当我们明白了这些，对宇宙间的所有危险的发生我们都不会感到意外，觉得不可思议。不管一个人是康健还是羸弱，也不管他是在哪个地方，更不管是在什么样的一个环境里，其实他们之间是没有什么差别的，因为明天发生的事情可能把一切都改变。

因此，死亡随时会来，而我越来越觉得时间不够用，因为我还有很多事情没有来得及去做。有人不经意间在我们家中发现了一个纸条，上面写着我希望别人在我死后要做的事情。的确是这样的，因为虽然我现在的健康状况很好，但是因为我在外面的某个地方，刚好兜里放着一张纸条，所以我把要做的事情记录了下来，因为万一我回不到家中，事情至少有人可以帮我去完成。

在活着的时候，我们要尽可能地做自己想做的事情，能做的事情，这样即使死亡来了，我们也没什么可担心的，更不会留下什么遗憾了。

十二月二十一日　灵魂的光芒

　　生活是一部戏剧，所有的美好都只是其中的一幕而已。我们怀着梦想和希望一路前行，刹那间，人生就换了一种场景。灵魂的光芒，是由内而外不断发散的，就像一颗石子投入水中一样，还像太阳从中心向四周传送着光和热。正因为如此，世间万物由近及远地接受着这种光辉。离灵魂越近，我们的能量越强。一切存在着的事物都是相互联系的。它们之间的分分合合，是在一种规律的支配下进行的，这个规律是高级的，能揭示事物本质的。不知不觉地，多少、大小、生活习惯等，已经不能再左右我了。取而代之的是因果关系、和谐关系以及一种对理想和真理本能的追求，这些把我们支配了。慢慢地，非人格化就成了爱的主要表现形式。这种变化是很微妙的，不易察觉到的。一对男女，分别在隔壁休息，但在他们的眼中，充满着渴望和理解，在此基础上，他们希望一种刺激，然后经过刺激之后，酿成果子。处于那个环境之中，他们什么都不想，把周围的一切都忽略了。一种植物，表皮和叶芽的突发是它生命的开始。世间的男女，有了激情才有了海誓山盟，最终两个人才能走到一起，结成眷侣，成为不可分离的整体。灵魂通过肉体才能展现出来，肉体有了灵魂才能变得饱满。

十二月二十二日　爱情之后的三种人

人的情感有生命期限，爱情也会迎来死亡。在爱情死了以后，世上的人会有三种不同的表现。

愚笨的人往往对爱情的失去充满抱怨之情。他把爱情对自己的伤害编成一个个的故事，遇到人就开始说个不停，唯恐有人不知道。假如要是不小心遇到一个和他有类似经历的人，共鸣之感绝对油然而生。就这样，他四处兜售着自己的故事，每天唠唠叨叨个不止。归根到底，不过是想获得别人的同情和怜悯罢了。

不一样的是，有德行的人在遇到这样的状况时，则选择了默默不语。因为他知道，感情是两个人的事情，在爱情里没有对错可言。既然没能走到一起，问题出在两个人身上。即使主要问题在一个人身上，也只能说两个人的缘分已尽，不必再苦苦纠缠。尊重对方，不必多言。

真正有智慧的人，在这种情况下，则会把过去的一切都忘记，让欣喜和伤悲统统化作一只美丽的蝴蝶，然后飞去，消失不见。无爱无恨之时，心灵就会透彻很多。淡忘可以让一个人在大悲喜之后，获得内心的平和和淡然。唯有淡忘，方显人智慧之高。

十二月二十三日　两情相悦

生活中的爱情故事很多，但只有两情相悦才能更让人羡慕，更吸引人。当我们看到两个陌生的男女或秋波不断，或沉默不语，我们似乎就被带进了这种甜蜜之中，我们与他们的距离就会越来越近。对于感情，两情相悦的男女肯定倾注了无比的热情。这一点，我们都懂，我们也希望他们能够彼此不离不弃地走完一生。人性中最迷人的风景，不是外在的自然风光给予的美好，而是一种真情实意的流露和一种仁慈宽厚的情怀。只要做到了这点，不管什么人，都可以把生活过得优雅，让自己成为一个绅士。一个坏小孩平时十分调皮，总是动不动就去欺负小女孩。但是，今天，他看到一个背书包的小女孩跌倒了，于是飞奔过去把她扶起来，并和她一起整理书包。一瞬间，这个调皮的孩子觉得自己与小女孩产生了距离，这个距离很远很远。在小男孩的心里，小女孩让他无比羡慕，却又不敢靠近小女孩。从此以后，小男孩还是一样调皮，但唯独对那个小女孩一直保持着距离，不敢太近，又不能太远。确实很奇妙，不久前还是两小无猜，而一件事情却改变了所有，他们从这件事情中领悟到了尊重，懂得了相互尊重。那些学校里的女孩子，能和乡村里的男售货员畅聊数个小时，这是为什么呢？因为乡村为人们创造了一个平等的环境，这样的环境刚好可以滋养爱情。多情而不矫作的天性，在自由欢快的交流之中流露着，这种流露是自然的。这些女孩并不是有着漂亮的外表，但是与小伙子之间的情感是惬意的，这种惬意让他们的关系变得十分密切。他们谈着哲学，谈着舞蹈，谈着音乐，还有生活中各种各样普普通通的小事情。时光飞逝，小伙子到了结婚的年龄。此时，他清楚地知道自己想要的终身伴侣是什么样的。因为，他的心中早已有了伴侣的影子。

十二月二十四日　自爱与爱人

要想去爱别人，首先要懂得爱自己；要想有多余的东西赠给别人，那么一定要自己首先富裕起来；要想让别人快乐，而自己首先也必须是一个快乐的人。唯有自爱，才会可爱，才能爱人。即使一个人要去行善，但如果当时他的心情不好，充满怨恨，善行也会给别人带来伤害。我想，没有人愿意从一个满是怨气的人手里接受赠予吧。

但是，一个人假如只知道爱自己，那也不是真正的爱，也不会有真爱的降临。他所谓的爱，只是一种对他们的付出，这种付出不过相对来说谦卑罢了。

假如我们把爱看成是艺术，把自爱看成是一种素质，要想成为爱情的艺术家，二者必须兼得，缺一不可。而在多数情况下，是很难的。

情感是联系人与人之间的纽带，因为有情感的存在，人间才有情有义。基于此，这个世界上，有悲悯和同情，也有乐于助人与舍己为人。不过，从生物学和心理学上来讲，每个人都是一个独立的存在，那些最让自己刻骨铭心的东西只有自己才能真真切切地感知到。因此，从这个层面来讲，每个人最关心的人其实还是自己，而并不是他人。想要他人关心自己胜于他人自己，这是不可能的，是有违人理的。所以，对每个人来说，最重要的还是要学会自立。这样才能让自己的情感变得更坚强。

十二月二十五日　痛苦之后是快乐

快乐往往不及痛苦有深度。

白天的时光是有限的，当痛苦的回忆浮上心头，只有在黑夜中才能得以消磨；在我们的脑海里，一刻都没有停下来思考，思考以后我们的人生要怎么走，我们要为此采取怎样的行动，以至于彻夜难眠。当我们向外望时，月亮也跟着我们的心境变得伤感起来，繁星点点，闪耀的都是我们的多愁善感。当我走到街上，我看到身边的男男女女成了一幅图画。

世界的重建，离不开激情和热情，而青年正是激情和热情的来源。激情让世间万物充满生机，充满韵味。有了激情，大自然才有了灵性，才不至于乏味。这个时候，我听到了鸟儿的歌唱，是那么的悦耳动听。我再抬头看天的时候，白云朵朵好不悠闲惬意。我周围的一切花草树木，都展开了笑颜，盈盈可爱。我心中的秘密，被大自然不小心看透了。对忧愁的人类来说，大自然总是慰藉着我们，同情着我们。在人世之外，还有一个家园比人间更可爱，那里是幽静的，不为外界所打扰的。

十二月二十六日　与自我做朋友

我们常常给人加上各种标签，例如职业、身份等等，但是那都不是真正的自己。一个人要想真正成为自己，是很难的。我们可以随便说一个人是什么，但没有说过他是他自己。假如我们对生活没有主见，别人怎么说我们就怎么做，丝毫懒得去思考的话，那的的确确就失去了自我了。我们从这个人的身上，找不到一点属于自己的东西，他已经成了别人生活中的影子，或者说只是一个懂得重复的机器，而不是他自己。

我们都清楚地明白，朋友是我们生活中不可缺少的。但是，不管什么时候，我们都要记得不能把自我这个朋友遗忘，他才是最重要的那个。没有了自我，人生就显得那么的肤浅，我们过得是那么的空虚和无助。

要想证明一个人到底是不是自己的朋友，最重要的就是看他在独处时的表现。如果他在独处时也能过得很好，过得充实，那就证明是的。否则的话，若是对独处抱着恐惧之心，一心想着逃离，可以肯定地说，他与自己并不是朋友。

一个人只有成为一个更高的自我，一个积极奋进的自我，一个更加理性的自我，才能真正地成为自己的朋友，这个朋友才真正可靠。在友谊之中，我们迫切需要一份理性的爱。不爱自己的人没有自我；爱得不理性，与自我最多只能做情人。这两种情况都是要不得的。

十二月二十七日　痛苦需要独自承受

　　一个人的痛苦是无法分摊给别人的，不管是来自肉体的还是精神的。在我们痛苦之时，别人的安慰并没有多大的用处，它只是暂时转移了我们的注意力，却无法从根本上消除痛苦。对于同甘苦共命运的人们来说，看似共同承担痛苦，实则还是每个人各自在承担着，痛苦并没有因为别人的分担而减弱，程度还是那么深。

　　出于常情，当我们看到别人受苦的时候，同情心会活跃起来。但是，别人的痛苦持续的时间越长，我们的同情就变得越弱。我们对于痛苦的耐心，是十分有限的。相比之下，对罪恶的耐心要比痛苦多很多。这是因为，对别人罪恶的忍受是命运，对痛苦的忍受则是罪恶。所以，结论也就不难得出了。

　　当遭受痛苦之时，最好的办法就是独自承受。

十二月二十八日　爱情的魅力

　　哲学家在描述爱情的恩惠时，是有所顾虑的。即使是世界上最冷静的哲学家，他也不能说出一些与社会本能、与人性不相符的话。在得到快乐和幸运之后，青年们是狂喜的，是沉醉的，那段欣喜的日子成了他岁月中无法忘却的记忆，一直到老年之后，想起来还是会兴奋不已。人生中有很多美好的时刻，但回忆起来，最美好的还是要属于那段爱情的回忆，想起来就是甜蜜的，犹如琼酿一样。在爱情之中，那些偶然的事情给恋人带来的魅力是无法用爱情的真理来衡量的，它们比爱情本身更富有吸引力。但一个人回忆往事的时候，他就会发现，刻骨铭心的爱情故事固然美好，但在爱情之中发生的小事情更让人觉得亲切、温馨。不过，经常探访我们心灵的那种力量是无法忘却的，即使每个人的体验不同，在这一点上也是一致的。那种力量让世间万象换上新颜。有了这种力量的存在，艺术散发出了自己的光芒；有了这种力量的存在，昼夜为之交替，尽显无穷无尽的魅力。外界出现的一点声响，都让他的心跳动不已。一个身影的飘过，都被他印在了脑海之中，不肯忘却。当身影离去，留下的只有他的失望。因为爱情，他不觉得世界上的某些地方是偏僻的，不觉得寂寞是常来的。在他的思想之中，情意丰富；在他的话语之中，爱意绵绵，这种感觉不是老朋友所能给的。爱人的一举一动，一回首、一顿足，都出现在他的梦里，让他不想醒来。

十二月二十九日　爱情是一种力量

自然是优美的，自然是热情的，他感受到了这些，所以把音乐和诗歌当成了自己的最爱。动人的诗篇，只有在对生活充满热情的时候才能一挥而出。其他时候，是根本不可能写出来的。这个事实很常见，已不需要再举例。

一个人的气质不是天生就有的，而是在一种神秘的力量支配下形成的。这种力量改变了一个人的激情，进而影响了气质。它让情感得以张扬和扩散，让那些庸俗之人优雅起来，让胆小如鼠之人勇敢起来。爱人的支持，是一种强大的力量，即使一个人开始时是可怜而卑微的，但由于爱人和自己站在了一起，雄心壮志随即而来。在这种力量把他交给别人的同时，更把他交给了自己，这才是最重要的。此时此刻，他的人生有了新的向往和追求，他的性格变得坚毅而镇定。他摆脱了家庭和社会的束缚，真正成为了一个人，不附庸于其他一切的人。

十二月三十日　抽出自己的绿芽

人生中快乐的方式是多种多样的，获取快乐的途径也是各有不同的，被他人所理解就是其中的一个，它能给一个人带来巨大的快乐。但是，假如一个人活着就是为了得到别人的理解，或者费尽心思地求得理解，为别人的不理解而伤心难过时，这个人本身就是十分可怜的。一个人存在的价值是要靠自己去证明的，而不是把价值寄托在别人的理解上。这样，是多么可悲啊。

一个善于站到自己之外观察自己，善于自我批评的人是有修养的人。这种修养给了我们一个冷静的头脑，不让我们沾沾自喜或自暴自弃。

不管世界上的叶子如何掉落，我们都不应该为此伤悲，而应努力地长出新芽，即使还会凋零，也要证明自己曾经奋斗过。

我还活着，这个我是和别人不一样的我。我也不愿意像别人一样，过着浑浑噩噩的生活，我的感觉要活跃起来，动弹起来，我要过不一样的生命。

我们写下了自己的离世，但没有人用心去读。甚至连我们自己都不会去读，即使读，也是一目十行地浏览一遍而已。

十二月三十一日　世界是个统一的整体

任何规律都无法解释人格的本质是什么，因为科学并不研究这类问题，也不研究有关我们自身真理的问题。

世界不仅仅是各种物质力量的结合，我们也不应该认为是这样。否则，一切崇拜和信仰都是空谈。每个人都有性别的差异，也有生理和心理的不同。

那么，属于人类的无限意义是什么呢？我们应该也必须努力找到。作为世界的存在物，我们肉体的存在，需要科学动用普遍规律来解释。由此，我们看到，肉体并不是孤立地存在于世界上，它是世界这个整体中的一个伟大的部分。紧接着，我们又发现了一个规律：世界万物都是一个相互联系的统一的整体，我们的思想也与世界发生着这样或那样的联系，联系是时时处处都存在着的。正是通过人类的思考，或者说人类用自己的思想发现了宇宙间隐藏的规律。但是，仅仅到此为止，科学没有让我们继续下去。肉体和思想的存在，有规律可言，也离不开一定的基础，但是人格却不一样，我们在宇宙中找不到它的基础所在。对于这一点，我们是不能接受的。因为如果人格不能和真理产生联系，那么人格成了什么呢？是不是就成了一个满是幻想的不伦不类的东西了？人格是如何在世界上存在呢……因为有着真理的支持，个人的存在才变成了一个事实。从对外界事物的感知中，我们发现了"我"的存在，而这个有限的"我"似乎断定在这个世界上还存在着一个无限的"我"，需要我们去找到。

一月

我们所经历的一切，不管是物质层面的还是精神层面的，都是值得思考的。纵然有人会说，思考不能从根本上解决人类面临的种种问题，但思考可以看清很多真相，认清各种复杂的事物。在思考之中，我们的智慧就会越积越多，等到以后再面临问题时，就能用自己的能力轻而易举地把它们解决掉了。

辑一　寂然独立

一月一日　用心发现美

一出生就隐居山林的，不是真正的隐士。真正的隐士，是在经历无数世事之后，彻底从社会中退隐的。不过，有的人在归隐之后，坚持读书、写作，用他的思想和文字继续影响着社会，这也不能说他是彻底隐退了。要想做一个真正的隐士，就应当从宇宙之中获得智慧，而不是从人世中。他应该超脱人世，孑然傲立。为什么空气是如此透明呢？为了让人们透过这透明的空气察觉太空的神秘。站在窗台上，望着漫天的繁星点点，一种美好壮阔之情油然而生。设想，假如这样美丽的星空是数万年才出现一次，那我们是多么的幸运啊，我们又该是如何崇拜这星空呢？但是，这满天星星组成的美景，虽然散发着光芒，懂得珍惜的又有何人呢？

星星高高地挂在天空，人们只能望着它们却触摸不到。正因为距离遥远，我们才会对星星保持一份敬畏。大自然有着宽广的心胸，它会给人带来回报，只要人们真诚地向大自然敞开心胸，就能收获很多。可是，不得不说的是，不管一个人是如何的聪明，都无法也不可能把自然界的美全都看尽。正因为如此，人类对自然的好奇之心才不会停下来，对大自然的探索也会一直继续下去。有智慧的人对自然界的好奇之心更浓，动植物、山川河流、人文建筑，都是他们探索的对象。他们乐此不疲，欢欣不已。

对待自然，如果每个人都用这样的心态去感知的话，诗情画意就会跃入脑海之中，美妙动人。不同的人对自然的感受也是不同的，因为每个人投入的情感是不同的。由于思维方式和身份地位的差异，同一片森林，在诗人眼里和在木工眼里，是不一样的。一个大农场主，看不到农场里的风景，感受不到景色之美，因为他不曾具有慧眼。

只有具有一双慧眼，才能感受美，享受美，热爱自然，热爱生活。

一月二日　上帝在每个人身上都有安排

人与人之间是有差别的，这也表现在禀赋上。不过，有一点是相同的，那就是若要评价一个位置是否适合自己，能否让自己从中得到快乐，就要听从自己灵魂的安排，而不是这个位置能引起到多少人的争夺，让多少人艳羡。

从某种意义上讲，一个人的天赋和能力其实在出生之前就被确定了。正如所说：上帝在每个人身上都有安排。所以，不管一个人智商高低，能力大小，在这个世界上，总有一个事业是适合他的，也是他最擅长，能做好的。可是，由于人生活在现实之中，许许多多的客观因素导致他在寻找这个事业的路上遇到各种各样的困难，这是不可避免的。因此，我们应该积极准备，积极寻找，早日找到。一个人的生命有限，应该在这短暂的一生对自己有个清晰的了解，知道自己想要的东西是什么。只有明白这些，认真做自己想做的事情，一个人就能过得充实而平静，淡定而从容。

在日常生活中，当我们逛街的时候，看到别人在疯抢某种物品，于是自己常常也加入其中去抢购。结果，买完才发现对自己来说，这个东西并无多大的用处，自己原本并不需要。更让人觉得可笑的是，还有些人为自己没有买到那个自己不需要的东西，甚至更多不需要的东西而痛苦。所以，这样的人和那些不知道自己想要什么东西的人是一样的，都是可悲的。

世上没有救世主，一切都要靠自己。这就是说，我们是自己的救世主，救世主存在于每个人的身上，是清明而宁静的。守住我们身上的神性，上帝就不会离我们而去。否则，我们就会毁灭，陷入浑浑噩噩和无尽的深渊之中，谁也救不了了。

一月三日　天性的法则

在宇宙之中，有些声音只有当我们遗世独立时才能听清。回归尘世之中，我们再去听的话，就会发现特别微弱，甚至根本听不到。当下的社会，弥漫着阴谋诡计，一个个都心怀叵测。为了达到自己的目的，一伙人定下规矩，交出自由和劳动，用一物换他物。这倒还罢，谁料顺从却在此时成为了美德。有了顺从，自立就被深深地鄙视。真实的创造并不受社会的欢迎，反倒是虚名和陋俗为众人所追捧。

　　一个真正的人，要有自己的主见，不能一味地顺从，也不能所有的规矩都要遵循。要想在世上留名，靠的不仅仅是外在的善举。在这个世界上，没有什么东西是神圣的，神圣的只有自己心灵的完善。要想赢得世界对自己的认可，就要打开心扉，做回真正的自己。不要陷入教条主义之中，如果我们能够自立，传统的观念对我又有什么作用呢？除了天性的法则之外，没有什么法则可以称得上是神圣的。名誉和地位只是别人给的，都是虚名，可以加在你身上，也可以随时从你身上拿走。衡量对与错的标准是是否符合天性，符合的就是对的，不符的肯定是错的。不管别人如何反对你，攻击你，都要坚持自我。

一月四日　独处是一种能力

　　独处是一种处世的态度，是一种身心的自我调整。人生中很多的美好时刻和体验，都是从独处中获得的。独处看似寂寞，却是充实无比的。灵魂要想得到生长，锻炼独处能力是不可缺少的。繁忙的事务困扰着我们，自我在其中容易迷失。而独处的时候，我们便可找到自己，回归自我。一个人的时候，我们可以和上帝对话，和自己对话，和宇宙间的某种神秘的力量对话，这是多么难得的一种体验啊。

　　只有在独处时，我们的灵魂生活才会展开，当然，这不是说在热闹之中就没有灵魂生活，而是说独处时的灵魂生活是真正的，更为严格的。数人坐在一起谈古论今，只是侃侃而谈；只有置身于伟大的作品之中，我们才能获得真正的感悟，这种感悟是来自心灵的，是深刻的。众人一起出行，热热闹闹的只能算旅游；只有当一个人面对大山河川的时候，才能融入自然，与自然进行沟通和交流。

　　会交往的人往往受到人们的欢迎，因为那是一种能力。但是，与交往比起来，独处比交往更重要，需要更强的能力。如果一个人的交际能力不强，可能是一种遗憾。但若不会独处，耐不住寂寞，则是一种人性的缺陷，是更为严重的。

　　独处不单单是一种能力，更是人内心的一种整合。那么，这种整合有什么意义呢？所谓整合就是把对人生新的体验放到合适的位置上，这个位置指的是内心的位置。每个人都需要一个整合的过程，这样从外界收获的东西才能真正成为自己的，与自身融为一体。而要想真正做到整合自己，让自己的内心世界感到知足，独处是不可缺少的。

一月五日　独处是时间性的

　　在这个世界上，很多人都特别害怕独处。要是让他一个人在某个地方待一会儿，简直比要了命还难受。一旦有闲暇的时间，娱乐消遣是他们多数的选择。不过，从表面上看，他们的生活是丰富多彩的，但其实在他们内心深处，有一种无法言说的空虚之感。他们所从事的一切活动，都只是为了掩饰自己空虚不安的内心，不敢看到真正的自我。这是为什么呢？在我看来，这些人的内心其实是极其贫乏的，所以他们觉得和贫乏的自己待在一起确实是无聊至极，不如在外消遣娱乐有趣。他们不会明白，越是如此，内心就越贫乏，真正的自己就会消失不见。人的很多行为习惯都是一个恶性循环的过程。

　　要想检验一个人灵魂的深度和广度，独处是一种重要的方式。一个人对自己是否厌烦，在独处的过程中就能清楚地体现出来。作为一个人，最基本的要求就是对自己不厌烦，否则其他一切都是免谈。如果一个人不爱自己，那么对别人来说，他的价值也是微乎其微的，就更谈不上在与别人交往时能够产生多大的效用了。甚至可以说，与别人的交往是对别人的一种打扰，是浪费别人的时间。但如果自己本身是有内涵的，才能提升自己与他人交往的质量。真正的友谊和爱情，需要灵魂与灵魂的充分交流。浅薄的人没有美好的经历，这是亘古不变的真理，是永远推不翻的。

一个人，若是既能在交往时游刃有余，又能在独处时镇定自若，那么这个人一定是非凡之辈。交往是人生过程中的一个片段，是作为部分存在的；而独处考验的是一个人的本质，是作为人面对的整体存在的，是注重源泉的。杂草多的地方没有鲜花开放，吵闹多的地方没有智慧闪光。世上的琐事，都不过是浮云，在其中找不到上帝的影子，更没有永恒的存在。

一月六日　人生之路

当我们走在路上的时候，最重要的东西是这条路而不是其他的什么。其他的一切与这条路相比，都退居其次。

众人熙熙攘攘，在一条路上拥挤着。他们想尽一切办法一路上相互阻挠。他们只知道往前走，却不知道前路茫茫还有什么东西值得追逐。他们不考虑那么多，既然大家都在这条路上，那说明这条路就走不错。

但是，你和众人不一样。你找到自己的另一条路，在上面不慌不忙地走着，悠然自得。这条路仅仅只属于你自己，不需要别人的陪同，也没有他人的竞争。

人生的路有无数条，每一条的终点都是不同的。有的人心中只有对物质的追求而没有幻想，他一心一意走在这条路上，心无旁骛；有的人虽有幻想但并没有人生目标，所以只能留在原地转个不停，漫无目的，毫无头绪。只有那个把幻想和目的结合在一起的人，才能走得更好。因为一方面，他走的路上充满可能性，另一方面，这条路是真正属于他自己的。

一月七日　善良不是一种义务

常常摆布我们的，往往不是真理，而是那些举止高雅的人。走路时我们要高昂着头颅，把内心真正的话语大声说出来。我们被善良的外衣所迷惑，倒使衣服之下的恶毒偷偷地溜走了。做人虽然不易，但一定要做一个谦虚之人，做一个有风度之人。如果自己是冷酷的，那么对别人的仁爱就不必假借他人来表现出来。真理虽然可能不中听，但与假仁义相比起来，是多么的难能可贵啊。张扬的善良没什么不好，至少它是善良的。我要和天才坐下来谈谈，其他人一概不见。徒劳的解释浪费光阴，不必要想入非非。想要我解释自己为什么不合群，那是不可能的。善良的人说我有义务改变穷人的处境，我觉得我没有这样的义务，因为那些穷人并不属于我，我也没有那么大的能力。我做不了慈善家，也不会把一分一角送给穷人，因为我们谁也不属于谁。但是，在生活中，我们能和一类人产生共鸣，为了他们，我们愿意付出自己的全部，即使牺牲也是值得的。除此之外，一切慈善的行为都与我无关，我也不会去关注。想要我参与某场慈善活动，去建一座没有用处的教堂或去救济一下那些酒鬼，都是不可能的。不过，在特殊的情况下，我会拿出一块钱来给别人，但这种行为仅此一次，以后都不会再有。

一月八日　自我逃避

只有有了好的胃口，吃饭才有乐趣；只有有了好的感受力，到处旅行才会有意思。反过来讲的话，也是成立的。

一个人的心灵，也会劳累。劳累之时，休养生息是必须的。对心灵来说，最好的休息方式就是独处和沉思。新的印象的形成，来源于心灵的休息或者来自一种对休息的渴望。要想生活的质量得以提升，休息是不可缺少的。

在面对自己时，很多人不敢直视，所以逃避成了他们的选择。一个人自我逃避的方式往往有两种，一种是工作事务，另一种是娱乐消遣。在很多情况下，我们忙碌时渴望停下来，但是一旦停下来，却又用娱乐消遣来把自己的时间打发掉。这是多么的矛盾啊。

一月九日　沉默的深度

我们很难找到一个合适的词语来表达自己最真实贴切的对人生的感悟。人的一生中，可能要遇到一些重大的问题，对于这些问题，我们只能默默地承受，静静地面对。当我们不赋予爱情、苦难、死亡等这些词语特定的意义时，我们确实在普通的生活之中。但是，一旦被赋予特定的意义，我们自身的真正意义就会被排挤到一边。我不可能也不会告诉别人我的好与坏，幸与不幸，我只能把这一切藏在心间，一个人消化。我有所思考，所以写出了一些东西。但其实从某种意义上来说，思考是人生的一种逃避方式，这种逃避不是一般人能感觉到的。思考让我从命运走向生活，从沉默向语言靠近。

两个人在沉默的时候，其实已经开始了沟通，语言只是一种表达方式罢了。一位著名的作家说过，如果两个人不能够共享沉默，那么这两个人的沟通是肤浅的，甚至是不能实现的，因为沉默之时，是灵魂在负责沟通交流。两个人若不能共享沉默，说出的话再有哲理，也无非是客套话而已。一个人对沉默理解得越深，对言辞也就理解得越深。沉默代表了一个人灵魂的深度。因此，要想探究人生的伟大真理，学会沉默是第一步。那些人生的重大问题，只有静下心来去思考才能想到解决的办法。

一月十日　沉默更接近本质

如果陷入了口舌之争，既破坏了语言，也打破了沉默，的确是一种罪过。

我们的内心世界是安静的，即使它经历了无数的波折，仍沉默不语。要想说出自己的心路历程，并不是一件简单的事情，而是需要找到一个恰当的时机，找准合适的节点来触动自己的情绪。但这样的机会是很少的。有人要问，在生活中不是常常听到别人讲自己的事情吗？但其实不是，他们讲的只是自己在社会中所扮演的角色。即使我们讲了很多自己的故事，讲出来的过程也是蜿蜒曲折的。

一种思想越是深刻，一种情感越是深沉，就越难用语言表达出来。那些最隐秘的情感和思绪，往往是最难以开口说出来的，在这里面，存在着一种羞怯，这种羞怯相对来说，是神圣的。就像谁也不愿意把自己的私生子在众人面前展示出来一样，是一件十分尴尬的事情。高贵的情感往往说不出来，深刻的体验也是难以启齿。

对世界上的人们来说，话语是一种权利。当我说出这句话时，肯定让那些平时滔滔不绝的人感到兴奋不已。于是，再说话时，一个个肯定摆足了架子，用足了气力。

不过，我刚好与此相反。在我的理念里，往往沉默的东西更接近事物的本质。由此，可以说，沉默是一种美，一种比权利更有价值的美。

沉默是自己对自己说的话，只有灵魂和上帝能听得到。或者可以说，灵魂在说的时候，上帝在听着，反过来也是一样的道理。沉默之时，灵魂便与上帝开始了对话。

看看电视上那些故作时尚的对话，终究不过是一种表演罢了。

一月十一日　天使或魔鬼

远古时代，有一种观念认为，每一个生命在来到人世时，他的身体早就被天神或魔鬼占据了，被控制了。天神或魔鬼会燃烧自己的一部分，融入新生儿的体内。于是，恶魔的火焰造就了恶人，天神的火焰成就了好人。当这个人死去的时候，天神或魔鬼就会转而占据别的新生儿体内。这就是常说的"观船行而后知舵手"。这个事实得到了我们的认同，只是我们在命名时的方式不同而已。我们评价一个人时，评价的大都是处在人生巅峰时期的他。对于朋友，我们也是如此衡量。每个人都会有愚蠢的时候，可是我们一直在等着他绽放的一刹那。不过，对于恶人，不管他们的能力有多强，也不会给我们留下深刻印象的。他们对自己一清二楚，所以盼望着我们能帮助他们找出命运悲剧的根源。我们并没有无动于衷，而是渴望念出魔咒把他们解救，让他们再一次获得自由。不过，恶人还是可以拯救的，在这个过程中，如何穿透思想是很重要的。美让思想膨胀起来，用自由和力量去靠近那些囚徒，破除他们身上的魔咒。

一月十二日　树立信念

信念是人生的动力，也是一种强大的精神寄托。有的人身残志坚，一次又一次地书写着人生的传奇。这其中，就是信念在起作用。对于一个有志气的人来说，信念让他心存希望，安身立命。

要想战胜人生中的苦难，必须有信念；要想获得成功，信念不可缺少。信念还是人生的精华，为幸福提供着源源不断的动力。当面对逆境之时，信念依然激励我们前行；在厄运之中时，信念让我们勇气满满；如果遭致不幸，有了信念的存在，我们的心灵依然是那么的崇高和伟大。生活中离不开信念，事业中离不开信念。有了信念，我们的心胸变得开阔，气量变得大度。坚定的信念与正确的人生观和科学的世界观密不可分。有理想就会有信念，有信念就能实现理想，二者是相辅相成的。

信念是一把火，藏在心中永远无法扑灭。信念是内在驱动力，帮助一个人实现人生目标。人要追求美好，就必然要有信念。人的一生不可能是一帆风顺的，我们总会遇到境遇不好的时候。这时，唯有信念才是最好的良药。一个人没有了信念，就等于精神上空无一物。年轻人，树立信念吧！

信念是一道火焰，让我们的生命灼灼生辉，让我们的人生变得不平凡。不管什么时候，我们都要在心中留有信念。

一月十三日　伟大的发明者

要成功首先要自信。每个人都有自己的使命，那就是争取成功。不过，这并不是让你想尽一切办法去追求功名利禄，而是让你努力工作，走上正道。这样我们就可以看出，在还没有对人类起实质作用的时候，成功就已经出现了。我们常常感谢那些产品的整合者，而不去感谢那些伟大的发明者。事实上，真正推动社会前进的是那些发明家。平凡的大众看不到成品背后的具体工作，因为这些具体工作很多时候是不可以见的。或者，它还只是一种猜想。只有它真正展现在大众面前时，人们才会惊叹不已。据说富尔顿拜见拿破仑时被拒之门外，因为拿破仑才不管什么发明。不过，拿破仑让《荷马史诗》变得更加伟大，作品中的不足被他想办法补充上了。这到底是付出还算是收获呢？

一月十四日　真正的信仰

　　超世的精神追求需要找到一种比较容易被普及的方式。于是，宗教就出现了。不过，普及往往导致表面化，把追求的精神内涵大大削弱了。对于万事万物，有信仰的人有自己的判断，在判断之中确立信仰。

　　真正的信仰来自灵魂深处的觉醒，超越肉身生活，追求普遍价值。信仰的形态多种多样，究竟有没有一些信仰被冠上宗教之名，我们也难以确定。但如果一种信仰没有上面提到的核心内容，就不能算得上是真正的信仰。因此，伟大的信仰者，不管有没有流入宗教之中，在灵魂深处是相通的，有共同的信念，因而在人类精神史上留下了一笔。

　　说到信仰，有没有一个真诚的态度十分重要。真诚分为"真"和"诚"，既要求认真不盲目，又要求诚实不自欺欺人。只要有了真诚的存在，即使没有一个清晰的思想形态，也能算得上是有信仰之人。当下的时代信仰严重缺失，真正有信仰的人，只可能存在于真诚的追求者和迷惘者之中吧。

一月十五日　真信仰无关教义

　　当我们谈论真理、信仰或理想时，是不是谈的同一件事情呢？或者说对同一个精神目标来说，不同的思想者会有不同的称谓呢？

在精神层面，自我呈现出两种状态。一种是智慧，一种是信仰。智慧指的是一种达观的认识和超脱的心情；信仰则是在追寻超脱时对一种完满结果的向往。任何一种信仰都是把人的根本困境作为出发点的，否则，我们就很难称之为信仰了。

每个人来到世间都是偶然的。但是，精神的存在和伟大必须由我们来证明。不然的话，生存的价值又如何体现呢？精神又如何显出光明和伟大呢？没有一种教义能把人间的困境消灭，如果有的话，我们可以肯定地说，这种教义肯定和真信仰无关。那只是理想中的状态，是不可能实现的。试图把神的指定改变，那是不可能的。这样的结果无法让人摆脱限制，反而更加限制了自我，甚至剥夺了人的权利。

没有信仰的人往往信誓旦旦，而真正有信仰的人只是坦诚地说出实话。

一月十六日　心存神圣

信不信神可以把教徒和俗人区别开来，也就是说世界上有有神论者，也有无神论者。只是，作这样的区分并不是很有必要。那么，重要的区分是，在这个世界上，有人相信神圣的存在，有人则根本不信。

信不信神无关紧要，但如果不相信神圣的存在，那就是一件很危险的事情。对上帝的相信与否，和一个人的历史文化背景以及个人的各种经历是密切相关的，甚至一些人因为对某种神秘的现象不解，才产生了某种神秘的感觉，这是不能强求一个人不去相信的。但是，即使一个人没有什么宗教信仰，他依然可以成为一个好人，一个善良的人。但是，如果一个人认为在这个世界上所谓的神圣是根本不存在的，因此去放纵自我，为所欲为，那么这个人就要与动物没有什么大的区别了。

一个人要对人生保持敬畏之心，要学着去相信神圣的存在。心中有神圣的人有自己的做人原则，对于那些牵涉到人根本的问题，他是不会让步，更不会去让别人去亵渎的。惩罚对他来说是没有什么可畏惧的，他们只是坚守自己的人格，不会屈服。心存神圣的人，即使也对人生有着很多的欲求，但是不管遇到什么情况，他都不会丢失自己的尊严，对人生自信满满。在这个过程中，人格一定不能失去。失去了人格，他的人生就是失败的，是无法挽救的。

一月十七日　心中有道德 头上有星空

在精神追求上是不是抱着真诚的态度是判断一个人是否有信仰的根本标准。这里所说的真诚并不是指对宗教或交易的虔诚。只要一个人有着真诚的态度，不管他信仰什么主义，也不管信奉什么流派，我们都可以认为这样的人是有信仰的。有信仰的人都有共同点，那就是他们追求一种至上的精神，这种精神远比世俗的利益要高尚得多，他们甚至可以为了追求这种精神而献身。也就是说，这种精神是他们一生当中最重要的东西。我们可以把他们称为精神上的教徒，他们用心在寻找和呵护着一种东西，这个东西让人类变得高尚和伟大。他们寻找的目的，就是为了告诉世人或向世人证明它存在着。

身陷重围的将军，他肯定认为自己是在为某种整体的精神而战。追求精神的人，是为了证明世间存在着一种绝对价值。什么是绝对价值？绝对价值不是表象的，也不会轻易幻灭，是一种永恒的精神的存在。当我们深处苦难之中，并心甘情愿地承受这种困难的时候，我们所受的苦难就有了一种精神意义。因为在我们没有被困难压倒的时候，我们的内心已经在向上帝祷告了，上帝能听到我们的心声。

要想走向上帝或到达宇宙的精神之中，我们一方面要找到自己灵魂生活的根源，一方面要在永恒的宇宙之中找到一种意义来证明自己寻找的价值。也就是哲学家所说的心中要有道德，头上要有星空。

一月十八日　信仰的本质

关于信仰的本质，简单地说就是与世界建立某种精神上的关系。从我们出生开始，甚至还没有出生，就与世界建立了某种关系。不过，严格说来，人的各种活动仅仅只是和周围的环境产生了关系，这种关系不是整体性的，自然也不会与世界产生整体的关系。肉体一旦消亡，附加在其上面的一切活动都会戛然而止。而不消失的，唯有信仰，这种信仰的生活是具有整体性的。这里所指的信仰生活，不是说要信奉某个宗教或某位神灵。一个有信仰的人，是不会卷入世俗的浪潮之中的，他的生命早就被自己冠上了一种恒久的价值，为了追求这种价值，他不懈努力着。不管他做什么，都是对这个世界的关切。在精神本质上，他是超越的，并且不时地与这种本质产生关联性。

除了宗教之外，文明和艺术等精神领域的活动都是把整体的精神生活当作前提条件，在某种层面上体现着整体。否则，失去了整体的支撑，精神内容就会消失，也就没有了根据，被世俗利用来谋取利益。也就可以说，人类的精神活动，是以一种广义上的宗教精神作为背景的。若论精神而言，我们所做的一切，不管是好还是坏，都能算得上是追求一种永恒，这种永恒是统一的，无其他异样的。

一月十九日　尊重精神价值

看重内在生活就是信仰的核心内容。信仰把内在看得比外在重要得多。这个标准可以判断一个人有没有信仰，也可以把各种各样具有真信仰的人联结起来。

对精神价值的无比尊重也会是信仰的本质所在。对一个有信仰的人来说，不必说什么，他就知道应该尊重精神价值本身。当然，这并不是一个可以讲出的道理，而是内心深处一种不言自明的感情。这种感情感觉到了人的尊严、人的崇高，对人类的生存有了深刻的理解。一种信仰越是纯粹，对精神价值越是尊重。这样，他身上就不会存在狭隘的眼光，他有的只是博大的胸怀。这样看来，信仰与人类文明在一定意义上具有一致性。一种信仰如果是狭隘的，那么可以断定它一定是受到了某种利益的入侵，对真正的精神追求进行了干扰。宗教不能统一人类的信仰，只有对人类最基本的价值无比尊重，方能得到统一。

一月二十日　精神生活具有整体性

只要人类的活动是一种精神性的活动，那么它的目的都是想要建立与世界的联系的，不管这个联系是隐蔽的还是公开的，只是方式不同罢了。在人类的精神活动中，道德是重要的组成部分。说到道德，可以根据不同的程度进行划分。服务社会秩序的，具有社会品格，追求至善的，可以看作是宗教的低级层次。同理，科学也有类似的意义，要么是服务于物质的，要么是认识世界的。而以认识世界为目的的科学，我们称之为哲学，只是程度相对较弱。精神活动有三种基本的方式，即宗教、哲学和艺术。宗教靠信仰与世界建立联系；哲学靠思考与世界建立联系；艺术则以某种情绪建立与世界的联系。核心不同，与世界建立联系的方式就不同，但是它们对永恒的追求是相通的。

现实生活中，要想实现自己的精神目标是不容易的，实现的可能性也是不大的，机会也是极其有限的。不过，因为我们始终相信精神生活的整体性，所以在世界中可供我们用来参考的东西很多很多。但我们生活的世界并不是整个世界，而只是这个世界的一个小小的部分。所以，我们在衡量一个东西的价值时，不能只看眼前的好坏，而应放到整个大世界之中去衡量，找出其与整个世界的联系。只有从广义的精神出发，我们才会觉得自己在精神上的辛苦努力是值得的，不是毫无意义的。

辑三 冥想

一月二十一日　匍匐是一种命运

任何人都无法逃避匍匐的命运，这是一种定律。

我们因为年轻，缺少行路的经验，所以在路上跌跌撞撞、伤痕累累。各种凶险层出不穷，早已把你的精力耗尽。这时，你不得不选择匍匐前行。

匍匐之时，要睁大眼睛，看清前方，在脑海里一直要记得为什么来到这里。这样一来，我们就不会因为遇到困难而沉沦。此时，匍匐变成了一种力量的积蓄。这种力量来自于对命运的反抗和不屈，来自于路途中的休息。

在前行与再次前行的中间，休整是不可缺少的，也是正常的。你匍匐前行时，很多人在思考你为什么要这样做。你不管这些，因为你看到了前方的目标已经不远，而你的热血开始沸腾起来。但是，别指望它会主动地靠近你，一步都是不可能的。还能做什么呢？抖擞精神，我们别无选择，继续向前。匍匐是为了再一次跃起，而跃起给了匍匐以目标，让匍匐的意义得到升华。匍匐和跃起相比，一个是静止的，一个是运动的，兴奋的。那么，从现在起，凝聚自己的力量，把痛苦和束缚抛到九霄云外吧。

我们用自己的双手把泥土推开，用自己的双脚踩出了大地的声响。听，是不是有一种回声荡漾在天地之间呢？因此，我们的视野慢慢地放大了，而匍匐渐渐地发生了功效。

做事情不要太着急，否则你就会很快地倒下，并且在倒下的时候伴随着呻吟声。正确的做法就是不断地尝试，心存执着，相信你终究会来一次完美的跃起。

　　一个人，若是没有匍匐过，那他的人生就过于理想化了；如果只是匍匐而从不曾跃起的话，这样的人生就会黯然失色很多，更不用提什么丰富多彩了。

一月二十二日　利益是一种强制力

　　人们之所以要做事情的原因很简单，要么是出于自己的利益考虑，要么就是一种性情的展示，也就是说没有原因，只是想做。如果做事情是出于利益的话，快不快乐都无所谓。看看名利场上的那些人，有的虽然吃了很多苦头，但从来不曾垂头丧气，一蹶不振，而是没有停下奋斗的脚步。这一点，我是有过深入了解的。当然，对于很多人说他们的叫苦是假的，不可信的，但我不这么认为，在我看来，他们只是为了追求一种比快乐还重要的利益。在他们做事时，这种利益成了强制性的力量。与此不同的是，当我们做事情的时候如果是发自内心，也就是出于性情的话，我们的心灵就会得到满足，也能从中获得愉快的感觉。仔细思考一下，似乎一切和文学、艺术相关的事情，都是一种精神活动。下一次，如果我们在做事情时，并没有从事情中体会到愉悦，我们就可以断定有利益的成分在起着作用。而利益的强制作用把一个人的性情变得功利化了。

　　在中国哲学中，关于义和利的谈论很多很多，直到今天还不乏新观点的提出。其实，义和利的讨论无非是关于君子和小人的。但是，你有没有想过，不做君子也不做小人又该如何呢？

一月二十三日　真性情

在生活中，很多事情都是相通的，比如义和利就是这样的一对。不管是追求义还是追求利，都离不开某种物质的东西。单讲"义"，它创造出一种抽象的社会实体，以图人人为之献身。再说"利"，它把人拉入俗世，追求一种物质上的利益。但是，它们没有关注人的心灵需求，更不懂人的心理需要。于是，真正的"自我"就被埋没了。"义"告诉人们要懂得奉献，"利"引诱人们去占有。有了"义"的存在，人生成了一种不可推脱的义务。有了"利"的存在，人生充满了各种各样的争夺，也就是所谓的权利。但是，其实这都不是人生的真正价值所在，人生的价值是远远超脱了义和利的。因为在义和利之中，都有计较的成分存在，所以不管我们做了什么，人与人之间的关系都不会和谐，都不会平静，并且常常是紧张的。

人生态度是多种多样的。除了义和利代表的伦理人生态度和功利人生态度之外，还有一种审美的人生态度，那就是"情"。说到"情"，指的是每个人都应该有的真性情。它提倡每个人都不要压制自己的情感，想做什么就做什么，不过情感不能泛滥，而应控制在适度的范围之内。每个人都不是教义的随从，也不是一个个物品，我们应当成为真实的"自我"。奉献和占有并不是我们提倡的生命意义，只有创造才能体现生命的价值。而创造其实就是人的真性情发挥出的能力，能让人在情感上心满意足。

一月二十四日　每个人都是独一无二的

凡胎就像是一个游荡的灵魂，突然有一天因为一对男女的交合而显现出来。他一开始是懵懂的，无知的，甚至根本记不住自己原来是什么样子的。不过，在时光的流逝中，他的经历越来越丰富，于是被上帝赋予的本性就慢慢地展现出来了。也就是说，他有了自己的态度，对生活，对周围的一切都是如此。也就是说，一个人要想认识自己，首先必须学会认识自己的灵魂，这个灵魂以凡胎为载体。只有认识了自己的灵魂，我们就不难解释过去的一切事情了。而对于未来，我们也大抵有了较为清晰的方向。

弄清楚自己的天性是每一个人必须要做的事情，只有如此我们才能明白自己是怎样的一个人，这样才能选择适合自己的生活。适合自己的才是最好的，这是不容置疑的真理。这样一来，在喧闹的世界里就能做到不迷失自我，认清自己的方向了。

我一直相信，在我们出生之前，上帝早就为我们安排好了一个位置，这个位置是最适合我们的。只是，在很长一段时间里，人们可能暂时找不到，但最终肯定是能发现这个合适的位置的。我还一直相信，对他来说只有这个位置是最适宜他的，别人想要从他那里夺走是不可能的。如果他不珍惜这个位置，那么这个位置就只有浪费掉了，别人是无法占据的。我为什么这么坚信呢？因为我知道世界上没有两个相同的人，上帝也不会把人造得一模一样，每个人都是独特的存在，都是有其天赋的。所以，适合每个人的位置也是独特的，最佳的，不二的。

一月二十五日　以静制躁

看着别人在海边嬉戏玩耍，我只是选了一个安静的角落静静地坐着。没错，这个角落就是在无边无际的大海旁边，这个角落很容易找到。在这个角落里，我看到的大海是一个整体。与那些在海边高谈阔论的人相比，我比他们把大海看得更加完整。世界的热闹，只有在我们安静的时候才能看到。我们坐在一个安静的位置上，透过热闹的表面，去看背后宽宏的世界。对于我来说，这种活法比较适合陶冶性情。

对人生而言，什么是最好的境界呢？两个字：安静。只有保持安静的状态，我们才能把世间的虚荣和浮华一一荡尽，从而发现自己内在精神世界的丰富，那才是人生最宝贵的东西。

古代伟大的思想家老子曾经说过"守静笃"。意思是说，要想成为万物的主人，我们可以站在物外，看着万物运动不止，反复变化。也就是说，当周围的一切都浮躁的时候，我们可以选择安静来控制这种浮躁，这样就可以成为它的主人了。

不过，一个人若是只选择安静而不去运动的话，也是不对的，是不值得去效仿的。我们的身体和心情都可能随着周围环境的变化而起伏不定，但这没关系，关键是在我们的精神之中一定要保持宁静，一定要守住宁静。做到了这点，你就可以真正成为自己的主人，掌控自己的身体和心情了。

一月二十六日　保持心灵的宁静

　　在生命的某个阶段里，热闹是不可少的。当生命力饱涨的时候，我们必须为其打开一个口子，为它确定流走的方向。不过，一个人在这个阶段的停留时间是有限的。在岁月的河流里，我们的年龄越来越大，我们的生命也越来越向精神的方向转变。人们可能认为这是因为他们正在逐渐老去。不过，其实只要保持生命力，即使老了也能保持年轻，甚至比年轻人精力更旺盛。也就是说，强大的生命力逐渐促使我们向精神化迈进。

　　对于热闹，我不会去排斥。但是，热闹终究还是表面的，如果没有精神追求的驱动，即使我们过得再轰轰烈烈，在我们内心深处其实还是孤独贫乏、空虚寂寞的。一种事业若是过于嚣张，或者一种感情过于张扬的话，都是不得不让人怀疑的。正如所说：热闹的地方其实空无一物。

　　生活中被热闹占据了的话，危险就会出现。因为到那时，他们会把热闹当成生活，除此之外别无他物。长此以往，就只有热闹，生活就无处安放了。有的人把生活当成一道菜，因为有种种的作料，所以生活过得热闹多彩。

　　只有保持一颗安静的心，才能把一本书读进去，才能领会书中的深刻含义。生活亦是如此，只有心安才能使感官保持敏锐，与生活的对象处于一个最好的关系中。不过心静是一种境界，这种境界来自于世界观。一个人若是对自己想要的东西不了解，那么他的一生都在左顾右盼之中。

　　心灵的宁静是建立在心灵的基础之上的。或许你会问，心灵不是人人都有的吗？其实不是这样的，很多人被外界的东西控制着，他们的世界永远是喧嚣的，这样的人并没有真正的心灵，更不用提保持心灵的宁静了。一个人只有给予心灵足够多的关注，才不会被外界的世界所干扰，我们的心灵才能保持宁静。

只有在静动之中，我们的生命才能寻得一种平衡。

一月二十七日　人生中的交谈

在我们和别人交谈时，谈的大部分东西都是关于是非、利益和恩怨的。在我们一个人相处的时候，其实在心中谈的内容也无非是这些。因此可以说，与自己内心的对话其实是与别人交流的延续。不过，我们真正与自己谈话的机会是很少的。

一个人要想学会与自我交谈，必须把自己的心从各种琐事和各种关系中抽出来，然后回到真正的自我。与自己交谈是发生在灵魂深处的事情，是内在生活的重要组成部分。那么这种内在的能力如何获得呢？从哲学中获得。哲学可以教会我们对世界反复审视，对自我的人生深刻反省。

谈话是一种能力，能与自己谈话更是一种不多见的能力。在生活中有的人一谈到琐事就有很多话要说，但是除此之外，他就没有什么可说的了。因为这样的人把心思放在外界的事情之上，所以他就只能与别人进行语言交流了。而当面对自己的时候，他就不知道说什么了。试想，一个对自己都不知道说什么的人，说出去的话在别人看来是有意义的吗？即使他是在谈论国家大事，在别人那里看起来也不过是一些琐碎的事情而已。在他的话里面，缺失了一种核心，一种精神，因此是没有意义的。

因为可以与伟大的灵魂交谈，阅读就可以用这种方式占领人类的精神财富。当一个人在写作的时候，在这个过程中可以把自己的人生经历转化为内心的财富。而信仰与阅读和写作不同，它与上帝对话，所积聚的是宇宙的财富。这三种交谈是人生中必须的，只有在独处中才能进行。

一月二十八日　从容的心境

世界上，很多东西都是无用的，比如诗歌和哲学。在学习了这些之后，人也会因此成为无用之人。不过，这样的人可以获得多姿多彩，有滋有味。

为什么一定要创作出无数的作品呢？其实只需吟诵一首诗歌，便可千古留名。如果不想留名千古的话，能活得自由自在也是不错的。比如写作其实就是这样的一种方式。

不管你对自己的事业是多么的热爱，保持一个开阔的心灵和从容的心态是必须的。只要心灵有了空间，我们才能品尝到事业所带给我们的生命果实。否则，你就会永远陷入忙碌之中，在你的心灵里就会有各种各样的琐事，这样一来，即使取得了成功，也尝不到生命那甜美的果实。

因为处于逼迫，我们的心灵空间才会被各种各样的事情占据。我们都在受着各种逼迫，穷人如此，富人如此；忙人如此，闲人也是如此。其实，名利对人们来说，也是一种贫穷的表现。因为我们内心总是不满足，所以痛苦就会到来。而忙人在对名利的追逐之中，焦虑重重。因此，我们可以说忙人的命运是悲惨的，在心灵上，他们是穷人。

对于忙人来说，时光的流逝是飞快的。在忙人那里，永远有很多事情要做，但是事情永远是做不完的。这样导致自己没有时间停下来，就只能一直不停地做事。

当一个人心静的时候，时间就停了下来。再想想，似乎没有什么事情是必须要做的，这时的心境就是从容的。

一月二十九日　孤独和孤僻

你以为周围的亲人和朋友都是和你一起衰老的吗？其实不是。你的衰老的过程对于个体而言是孤独的，你的生命只是属于自己的，你所经历的一切都会在你的身体上和心灵上刻下印记，你必须学会一个人承受。

热闹的时候，我对孤独充满渴望，而当孤独的时候，我又希望和众人在一起。不过，只有相爱相知的人才能把你从孤独中解脱出来。如果是其他人的话，不但不能把孤独解除，反而会让我们陷入更加孤独的境地。

如果非要我在孤独和喧嚣之中做出选择，虽然这两种情形都让人觉得无法忍受，我还是会优先选择孤独。一个人要想深刻，就必须懂得与自己对话，与自己交谈。否则，都是肤浅的。当然，在这之前，必须学会孤独。但是，心灵的孤独不同于性格的孤僻，两者是不同的。

孤独的人是强者，心灵孤僻的人是弱者。这两类人都是与常人不同的，不合的。孤独的人在精神上是卓绝的，而孤僻的人谈不上什么精神，他们只是害怕被伤害。对比孤独和孤僻，一个是因为自己想的和别人不一样，所以无法交流；另一个是因为心中没有想到什么，所以找不到可以交流的内容，甚至可以说孤僻的人在性格上存在着问题，所以在交流时是困难的。

"鱼与熊掌不可兼得"。又想做到特立独行，又想避免孤独，这是不可能的。不过，孤独的人其实也害怕承受和忍受孤独。可悲的是，上帝既然已经让他的灵魂与众不同，但是偏偏又让他和普通人一样对人间的很多东西有某种需要，这一点是无法改变的。

孤独感是残缺的，只有一个人的灵魂是丰盈的时候才能意识到，才能看到人生的遗憾。因此，不愿承受孤独的人，其内在也是匮乏的。

我们也说不清楚孤独与创造的关系，在我看来，二者之间应该是互为因果的。一个人不愿意与别人交往的话，他对自己的内心世界是比较关注的。而一个人若是只专注于创造的话，也会对人际关系保持距离。

一月三十日　倾听沉默

世界的秘密无声无息地藏在喧嚣之后。世界是宏大的，有声的世界在这个世界里占比很小很小。言语和沉默都要倾听，否则就和聋子无异。一个人越懂沉默的价值，他的耳朵就越会倾听。读懂历史和世界沉默的人，他知道他要对世界说什么。因此，让我们学会沉默吧，这样永恒之歌就能被我们倾听到。

对自我而言，沉默是最真实的。在我们真正与别人沟通时，这种沟通是不需要语言的。让我们学会倾听沉默吧，在沉默之中就能听到我们的灵魂在歌唱。

爱情的到来，往往是由最初的嬉戏打闹到后来的羞涩沉默。

灵感的到来，也是由热情的奔放转化为沉默的。

两个人的沟通，越花言巧语，离爱情越远。若是言语交恨，爱情就离破裂不远了。

一月三十一日　天才的幸与不幸

人在孤独之中，不但可以遇到自己的灵魂，还可以与上帝及一切神秘的东西相遇。在人与人交流的时候，我们面前的对象是单独的个人或部分的群体。但当我们处在孤独之中时，我们面前的对象则是世界万物和整体。

不过，如今的教徒基本上是没有什么宗教体验的，因为他们不是把自己放到孤独之中，而是把自己放到寺庙了。这种宗教感早已不是始祖们最初的关于孤独中的感悟了。

能把一个人从世俗中解脱出来的体验才是真正的宗教体验。若没有这种体验，我们的视野就会变得无比狭隘。落实到思想家身上，在精神上就是一种缺陷。

对于天才来说，他们是不幸的。当然，这种不幸不是没有人理解的不幸，而是因为他们不能像普通人那样得到人们的关怀，为众人所不屑。

世上的人们，想要处于完全孤独的境地，是不可能的。天才是孤独的，因为他的思想是很难被人们所理解的。其实，在现实生活中，天才也希望自己能找到一个终身伴侣。可是如果没有找到，则只是说明他们没有得到上天的垂怜，而并不是他不愿意。不管一个人是什么样的，追求的幸福都很平凡实在。有没有才能和有没有事业，并不能决定一个人能否生活得幸福，这之间没有必然的关联性。只是因为遭遇的不同，那些天才才有幸运与不幸之分。

无聊最终追求的是一种对时间的消遣，寂寞则寻找着人世间的温暖，孤独的人渴望着他人的理解。